国外油气勘探开发新进展丛书（十七）

U0270735

高效油气流动综合出砂管理

［英］ Babs Oyeneyin 著

张　伟　卢运虎　刘军严　译

石油工业出版社

内 容 提 要

石油天然气行业流动性保障是一项系统工程，出砂已经成为石油天然气工业面临的重大挑战之一。本书基于如何确保出砂井油气高效流动管理，内容涵盖出砂原因分析以及如何对其进行预测和控制，有效实现单井产能最大化，减少运营成本和非生产时间，保障从油藏到井筒再到地面管线等整个生产系统的流动性。

本书可作为钻井工程师、完井工程师、采油工程师工作参考书，也可供高等院校相关专业师生阅读。

图书在版编目（CIP）数据

高效油气流动综合出砂管理/（英）巴布森·奥义因（Babs Oyeneyin）著；张伟，卢运虎，刘军严译 . — 北京：石油工业出版社，2019.12

（国外油气勘探开发新进展丛书·十七）

ISBN 978-7-5183-3514-5

Ⅰ．①高… Ⅱ．①巴… ②张… ③卢… ④刘… Ⅲ．①油气开采-出砂-研究 Ⅳ．①TE358

中国版本图书馆 CIP 数据核字（2019）第 216250 号

北京市版权局著作权合同登记号：01-2019-7042

出版发行：石油工业出版社
　　　　　（北京安定门外安华里 2 区 1 号楼　100011）
　　网　　址：www. petropub. com
　　编辑部：(010) 645233710　营销中心：(010) 64523633
经　　销：全国新华书店
印　　刷：北京中石油彩色印刷有限责任公司

2019 年 12 月第 1 版　2019 年 12 月第 1 次印刷
787×1092 毫米　开本：1/16　印张：12.25
字数：310 千字

定价：96.00 元
（如发现印装质量问题，我社图书营销中心负责调换）
版权所有，翻印必究

序

为了及时学习国外油气勘探开发新理论、新技术和新工艺，推动中国石油上游业务技术进步，本着先进、实用、有效的原则，中国石油勘探与生产分公司和石油工业出版社组织多方力量，对国外著名出版社和知名学者最新出版的、代表最先进理论和技术水平的著作进行了引进，并翻译和出版。

从 2001 年起，在跟踪国外油气勘探、开发最新理论新技术发展和最新出版动态基础上，从生产需求出发，通过优中选优已经翻译出版了 16 辑 90 多本专著。在这套系列丛书中，有些代表了某一专业的最先进理论和技术水平，有些非常具有实用性，也是生产中所亟需。这些译著发行后，得到了企业和科研院校广大科研管理人员和师生的欢迎，并在实用中发挥了重要作用，达到了促进生产、更新知识、提高业务水平的目的。部分石油单位统一购买并配发到了相关技术人员的手中。同时中国石油天然气集团公司也筛选了部分适合基层员工学习参考的图书，列入"千万图书下基层，百万员工品书香"书目，配发到中国石油所属的 4 万余个基层队站。该套系列丛书也获得了我国出版界的认可，三次获得了中国出版工作者协会的"引进版科技类优秀图书奖"，形成了规模品牌，获得了很好的社会效益。

2018 年在前 16 辑出版的基础上，经过多次调研、筛选，又推选出了国外最新出版的 6 本专著，即《油气藏流体相态特征》《岩心分析最佳操作指南》《钻完井套管与尾管的设计与应用》《高效油气流动综合出砂管理》《水力压裂力学（第二版）》《页岩气水力压裂的环境影响》，以飨读者。

在本套丛书的引进、翻译和出版过程中，中国石油勘探与生产分公司和石油工业出版社组织了一批著名专家、教授和有丰富实践经验的工程技术人员担任翻译和审校工作，使得该套丛书能以较高的质量和效率翻译出版，并和广大读者见面。

希望该套丛书在相关企业、科研单位、院校的生产和科研中发挥应有的作用。

中国石油天然气集团公司副总经理

译者前言

石油天然气行业流动性保障是一项系统工程，包括采用一定的技术方法确保油气从储层到井筒再到地面设备的最优流动，通过适宜的手段和综合生产管理阻止或修复抑制流动的问题，例如砂沉积、水合物成核、蜡和沥青沉积、冲蚀腐蚀、结垢、乳化、发泡以及严重的段塞等。出砂已经成为石油天然气工业面临的重大挑战之一。本书是 Babs Oyeneyin 针对确保高效油气流动的综合出砂管理的一本专著，涵盖了出砂的原因分析以及如何对其进行预测和控制，有效实现了单井产能最大化，减少了运营成本和非生产时间，保障了从油藏到井筒再到地面管线等整个生产系统的流动性。目前井筒流动保障方面的著作比较稀缺，因此本书很有参考价值。

本书内容丰富，包含了出砂原因分析及出砂管理的主要内容，从保障井筒流动性的基本要求出发，详细介绍了深水油田开发策略、油气综合生产、出砂油藏治理、出砂预测的岩石力学和地质力学、基于出砂及其状态监测维护设备完整性的方法、防砂完井策略（井底筛管、砾石充填等）、多相固体运移以及有效出砂管理的风险评估等多方面的内容。

本书的翻译、校核和审定工作由中国石油天然气股份有限公司塔里木油田分公司从事流动保障研究的技术人员承担。其中，第一章由卢运虎、周玉翻译，第二章由张伟翻译，第三章由曹立虎翻译，第四章由王克林、卢运虎翻译，第五章由李松林翻译，第六章由黎丽丽翻译，第七章和第八章由殷晟翻译，秦世勇、刘军严、耿海龙、单锋、张安治、刘爽、魏波、高文祥、刘文超、吴燕、王磊、高尊升、徐国伟、程青松、杨亮、汪鑫、周建平、张雪松等参与了编译工作，张伟、卢运虎负责全书的统稿。全书译稿由胥志雄、滕学清、刘洪涛、周理志校核审定。

由于译者的水平有限，书中难免会存在不当和遗漏之处，恳请读者指正。

译者

2019 年 4 月

丛书编辑前言

本书是《石油科学的发展》系列丛书的第四本，包含了 2013 年出版的《石油勘探和生产手册》，在地球物理学、地层油藏特征、岩石物理学之后，现将我们的研究目光转向油气生产的主要问题——综合出砂管理。

对于具有典型的古近—新近系盆地海上大三角洲复合体特征油气藏，例如美国的墨西哥湾沿岸、尼日利亚的尼日尔三角洲、埃及的尼罗河三角洲等，在这些油气藏中存在比较厚的沉积层序，导致盆地边缘快速下沉，就经常会形成异常高压地层，反过来限制砂岩的压实和固结。因此当这类油气藏进入开采后，无法阻止地层出砂。

并不是说出砂只是出现在古近—新近系的疏松地层中，在某些情况下，一些弱胶结的砂岩地层同样容易出砂。实际上影响岩石的力学破坏因素包括原始地应力、岩石的固有强度或钻井活动。

无论出砂的原因是什么，出砂在油气藏的日常运营中都是一个严重的问题。出砂引发的重大危害包括冲蚀、堵塞平台或管道设备；堵塞油管和分离器，或者造成管柱穿孔。如果最终导致油气生产停止或地面设备损坏，将会给生产带来极大损害。此外，产出的砂在地面必须要进行处理，使之与液体分离，所以面临的挑战是在不过度影响生产及出砂影响最小的前提下进行最优化的出砂管理。

本书回顾了出砂的原因以及如何对其进行预测和控制，可作为易出砂油气藏工程师的必备读物。

John Cubitt

Holt，Wales

前　　言

石油天然气行业在油气田发展过程中面临的重大挑战包括：

（1）单井产能最大化；

（2）有效管理油田的全部开发作业；

（3）减少运营成本和非生产时间，确保从油藏—井筒—地面以及管线整个生产系统的顺畅流动。

石油天然气行业流动保障是一个系统工程，包括采用一定的技术方法，确保油气从储层—井筒—地面设备的最优流动，通过适宜的手段和综合生产管理，解决抑制流动的问题，例如砂沉积、水合物成核、蜡和沥青沉积、冲蚀腐蚀、结垢、乳化、发泡以及严重的段塞。

出砂已经成为石油天然气工业面临的重大挑战之一。事实上，全世界超过 70% 的油气藏存在因不同程度的弱胶结导致的出砂问题，其中的大多数都是开采了一段时间的油藏，随着压力下降及含水上升进一步加剧出砂。

为增加油气供应，石油天然气工业（OGI）正在探索新的开发领域如深水以及北极环境，以形成未来石油勘探开发的基础。在当今成熟区块以及上述新兴勘探区块中，多相流体（油、气、水和固体）的生产是不可避免的。而多相流体生产面临的挑战在于多相的分离以及生产的监控。这些挑战来源于疏松地层中温度、压力的不断变化、快速压降、出砂、早期见水以及多相流的产生等引起的流动保障问题。在深水北极环境中，含烃砂岩的出砂是面临的最主要问题之一。

对于深海开发而言，水下长回接处理设备被认为是最便宜和最具成本效益的选择，但是其需要适宜的防砂管理策略。尤其在尼日尔三角洲，其活动领域扩展到了更具有挑战性的西非深水环境。

由于不同的公司采取不同的策略，多年来对于最有效的防砂管理策略一直存在争议。选择一个适当的策略来管理油藏出砂是十分复杂的，需要综合各专业的方法来找到最优的解决方案，需要综合储层描述、钻井、完井、生产等一些关键方面，包括海底井口/管线以及地面设备的允许出砂限度。减少出砂需要可靠的出砂预测、精确的井设计、准确的工艺选择以及最佳的完井策略。出砂在任何阶段都可能发生，需要全生命周期的实时管理。

对于新出现的防砂管理工程师而言，需要具备高水平的能力使他们能够提供解决的方案，在不损害生产以及出砂影响最小的前提下进行最优的出砂管理。

出砂管理总体目标包括：

（1）知晓开发井是否以及何时出砂；

（2）了解将会有多少砂产生；

（3）出砂监控；

（4）出砂管理；

（5）选择井底或地面防砂；

（6）砂运移分析。

本书的重点是讨论如何解决上述问题。

第一章内容包括全球能源和油气开发的概述、世界上深水开发实例、介绍深水业务以及深水关键技术及海上开发方案。第二章和第三章内容包括复合油气生产系统和水下系统操作、储层出砂管理的流动保障问题和基本原则；第四章和第五章介绍深水和高温高压环境下岩石物理和地球物理方面的出砂预测和砂层状态监测策略。第六、第七、第八章内容包括地面和地下防砂完井策略、管线、水下回接管线中砂的运移、针对有效出砂流动保障管理的风险评估准则、出砂储层的产能标准以及生命周期油气资源的流动保障管理。

致　　谢

笔者衷心感谢爱思唯尔出版社能够出版本书，尤其感谢组稿编辑 Susan Dennis，编辑项目经理 Derek Coleman 和石油科学丛书编辑 John Cubitt 的支持，以及对本书审查和编辑做出的贡献。

此外，十分感谢罗伯特戈登大学等机构允许本书中相关资料的引用，感谢油气井工程研究小组告知一些罗伯特戈登大学关于综合出砂管理研究的活动。

最后，感谢在本书的写作过程中家人的理解和支持。

Babs Oyeneyin

目　　录

1 深水油田开发策略介绍

1.1 全球能源和油气开发介绍

石油是一种以液体或气体形式存在的复杂的烃类混合物，可以存在于陆上或海上不同深度处的常规储层岩石内或非常规页岩基质孔隙内，其赋存状态主要取决于其组成、所含杂质以及当时的温度压力条件。

油气勘探和生产的过程依次为勘探、钻井、完井、地面建设、生产、加工处理、销售。

勘探开发石油需要耗费大量资金，同时要确保作业高效安全并且环保。因此操作者必须具备一定的能力，在任何环境下都能够高效经济的从储层获取油气，使之通过井眼到达井口，再通过管汇到达陆地。对于陆地原油生产来说，管道回接通常是原油出口端连着处理设备这种形式。在海上或深水环境下采用回接管把井口阀组与处理设备相连是如今深水开发最节约成本的方式之一。因此，油公司运营的目标可以大体分为以下几类。

（1）安全、健康、环保以及能源供给安全。

（2）资本投入利润最大化。

任何油公司运营的一个主要目标就是要通过生产率最大化、采收率最大化、控制和阻止一些操作问题的发生进而减少停工期来实现现金流动和可采储量最大化。

（3）成本最小化。油公司运营的另一个主要目标是通过一些手段使总成本最小化进而试图使利润最大化。资金成本最小化就是确保资本支出最优（CAPEX），以确保高效生产与延误时间最小。运营支出最小化（OPEX），包括：

①生产成本最小化，即最大限度地减少单位体积（m³/bbl）流体的采出成本，进而增加产量；

②作业和修井费用最小化。

为实现上述关键目标，如今的趋势是成立由不同专家组成的综合团队，包括地质和地球物理团队、采油地质专家、油藏工程师、钻井工程师、生产工程技术专家等，通过战略规划和井优化设计实现有效的油藏管理。综合团队，尤其是生产工程技术专家，必须要对井的开发以及操作的不同方面采取比较保守的策略，包括：

（1）钻井（套管设计、钻井液或完井液的选择）；

（2）完井（完井管柱串的设计及安装）；

（3）生产（监测井和完井产能）；

（4）修井或二次完井（新的或改进的生产系统诊断及安装）；

（5）弃井（设计衰竭剖面，确定弃井步骤程序）。

现今，全球对石油天然气的需求已超越其他能源如煤炭、核能和可再生能源。能源安全面临着严峻挑战，如图1.1所示。

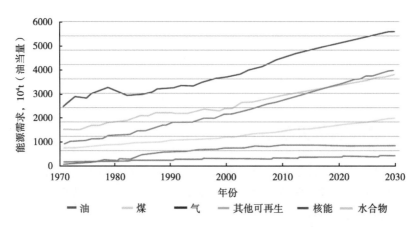

图 1.1 全球能源需求统计及预测［来源：国际能源署（IEA）］

天然气需求的增长速度（图 1.2）也超越了石油需求的增长速度（图 1.3），尤其是在发展中国家（图 1.4）。

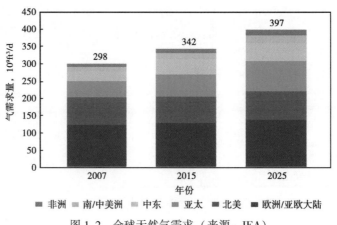

图 1.2 全球天然气需求（来源：IEA）

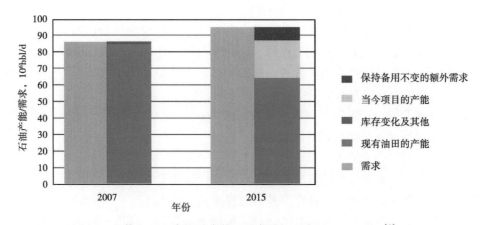

图 1.3 截至 2015 年石油产能和需求增长（来源：IEA 2008[1]）

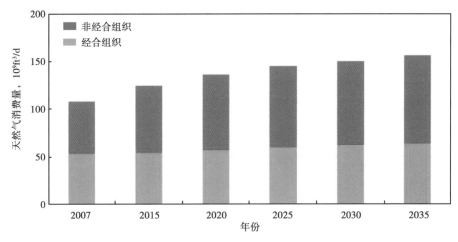

图 1.4　预测至 2035 年世界天然气消费量

为了满足石油和天然气的需求和供给之间日益增加的差距，石油行业不断寻求先进的工艺技术以提高成熟油田和边际油田的产量和采收率。而超过 50% 的常规油气可采储量仍未开采，并且还在积极探索新的领域，如超深水环境和北极地区。此外，包括页岩油在内的非常规油气的开采有增加的趋势，尤其是页岩气、煤层气和重质油。深水环境（2000～3000m），包括西非次区域的几内亚湾、南美洲的坎波斯盆地以及北极地区，成为当今石油天然气田开发的基石。这些深水环境的特点是海况环境恶劣、温度和地质特征复杂，例如高温高压、孔隙压力与破裂压力之间的窗口很窄（常规过平衡钻井很困难）、浅部疏松砂岩油藏伴随出砂问题、岩石岩性组合具有挑战性和"灵活性"等。

上述成熟油气田、深水和超深水环境、北极地区新领域以及非常规页岩气储层的经济可行性决定了开采此类油气田钻井数量要尽可能少。为实现这一目标，工程师们正在挑战更长的水平井、大位移井多分支井及水下管线。这样不仅能最大限度减少与流体生产相关的问题外，还可以减少油气田开发成本。

在深水环境、北极前沿领域和成熟油气田，多相流体生产伴随出砂是不可避免的。油公司的主要目标是最大限度地提高单井产能、降低运营成本和非生产时间与确保流体在整个生产系统内流动的完整性。

1.2　深水开发案例

深水环境可分为 3 个主要深度层次。

（1）第一层次井：即深水井，水深为 500～2000m。

（2）第二层次井：水深范围为 2000～3000m，这一深度代表了当前的勘探前沿；

（3）第三层次井：即超深水井，水深超过 3000m。

深水处海底温度会低至 100℉ 及以下，为流动保障带来很大挑战，低温会导致流体低温流动以及影响材料完整性。

超深水环境主要包括北极、几内亚湾、坎波斯盆地、大西洋边缘、墨西哥湾深海、里海、大洋洲等地区。

在这些地区，岩石的岩性更加复杂，地层孔隙压力梯度也是变化的，钻井液密度窗口很窄。储层以高温高压疏松储层为主，存在快速压降、出砂、早期见水以及多相流生产的问题。深水作业区主要特征是压力高，压力普遍大于 20000psi，温度高于 350°F。

如图 1.5 所示为全球主要的深水作业地点。

图 1.5　全球主要深水区

1.3　深水业务驱动介绍

1.3.1　深水油气田开发面临的挑战

深水油气田开发面临的挑战可以分为四点。

（1）资本/投资机会。

（2）技术/作业挑战。

（3）研究与发展。

许多关键领域的技术对海洋和深水行业发展是必不可少的，包括水下自动化、多相流动管理、智能水下机器人、海底作业、智能流动保障管理、集成控制系统、钢悬链线立管及控制管线的新型智能材料、无线传感、流体低温流动管理。

（4）人力资源。

海上开发属于资本密集型领域，需要专门的设备和专业技术。海上开发缺乏熟练的劳动力，对海上开发来说是一个持续的挑战[2]。

1.3.2　深水作业的挑战

深水开发作业面临的挑战可以分为四类（图1.6）。

（1）水深。

（2）复杂的岩性。

（3）复杂的油藏，包括：①高温高压，这里高压定义为储层压力高于3000psi，温度高于300°F；②具有高上覆压力的疏松砂层。

（4）距离海岸较远，需要较长的海底管线回接，长回接管线中伴随有瞬态多相环境下的固体运移问题。

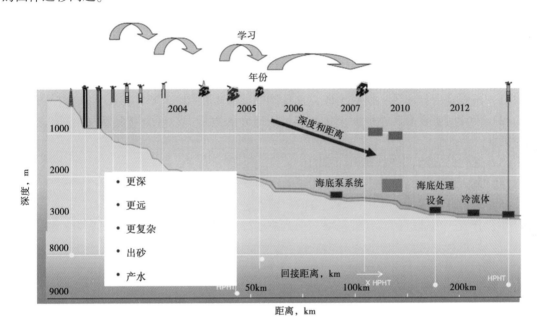

图1.6　深水业务驱动因素（来源：Brooks D，2008[3]）

（5）对于500m及以上的深水来说，选择具有特定功能的平台是非常重要的。2000m及以上的深水，要想获得最经济最可靠的油田开发方式，选择合适的海上平台和具有特定技能的操作人员是非常重要的。

深度更大、温度压力更高的储层离海岸更远，有时需要部署海底生产系统，并使用回接管线来输送生产的流体到达平台处理设备，或者把加工处理过的流体输送到岸上[1,2,4]。

世界各地有很多种类的钻机和平台，包括：自升式平台、桅杆式平台、钻井船、张力腿平台、浮式采油及储卸装置和半潜式钻井平台等。这些设备系统的制造、部署及维护费用更加昂贵。

1.3.3　技术挑战[2-4]

作业挑战来自钻完井技术，多相流体的生产及处理，由出砂引起的含固相多相流体的运移，由水合物、结垢、产水、结蜡或沥青质等引起的多相流动保障问题等。也有来自深水建井方面的挑战，因为要考虑井完整性、井控、完井方式、钻井液/完井液稳定性、井筒内多变的高温—高压条件以及立管中的高压低温条件等[5]。

海底加工处理以及冷流动在未来可能会成为主流，因此在水深 2000m 及更深的深水井中，带有长距离回接管线的海底生产系统的使用是不可避免的。

1.3.4　砂管理挑战

对于开发初期和晚期的油气藏而言，尤其是在深水环境中，出砂是不可避免的。深水环境下，经常发现油气藏成藏于浊流沉积层，这是大的河流入海口处形成的巨大沉积体系。

当然，砂管理也有来自深水建井方面的挑战，因为要考虑井完整性、井控、完井方式、钻井液（完井液）稳定性、井筒内多变的高温、高压条件以及立管中的高压低温条件等。

出砂是一个严重的问题。在许多地区，井可能会突然被砂淹没，导致流动降低，井内管柱和地面设备遭受剧烈冲蚀，最终关井。油气生产和防砂之间需要一个平衡。引起出砂的原因比较难判断，因为出砂的可能性很多，一旦诊断错误将会导致巨大的经济损失。

在深水环境下，每口井都会存在出砂的可能性。

对于运营商来说，开发过程中的出砂问题，存在以下挑战：

（1）预测是否会出砂，何时出砂，并且量化出砂速度；

（2）设计时提供海底及地面设备允许可能出砂的数量、粒度分布和从井筒进入这些设备的频率；

（3）优化井设计，以达到设计目的；

（4）最大限度提高单井产能及油田绩效；

（5）对出砂、多相流体生产及设备的完整性进行有效管理；

（6）开展一项适宜的砂管理策略，包括控砂方法的关键评价——地面控制和地下控制；

（7）尽量减少出砂对井和各种海底生产设备的影响；

（8 降低作业成本及非生产时间，保障整个生产系统的有效流动，保障从油藏到井筒到地面设备到管线的畅通；

（9）出砂管理及由此产生的环境影响。

1.4　出砂综合管理定义

出砂综合管理可以定义为在油气有效生产过程中考虑与出砂（或其他固体）有关的地下地面生产活动的所有内容，包括（但不限于）：开始出砂时间预测、地面和地下控砂、流动保障（运移或冲蚀）、出砂监测、出砂处理和应对措施。出砂综合管理可通过运用一定的技术手段/方案方法使出砂影响最小化，提高井未来的产能。

2 油气综合生产系统

2.1 石油的定义

石油是由碳氢化合物等组分组成的复杂混合物，一般以天然气或液体形式存在，取决于其组分类型、温压条件、储层深度和类型。碳氢混合物组成包括：

（1）天然气；

（2）原油；

（3）凝析油（液）；

（4）其他成分，包括氮气（N_2）、二氧化碳（CO_2）、硫化氢（H_2S）。组成石油的烃基本是烷烃类，包括甲烷（CH_4）、乙烷（C_2H_6）、丙烷（C_3H_8）、正丁烷（n-C_4H_8）、异丁烷（i-C_4H_{10}）、戊烷（C_5H_{12}）、己烷（C_6H_{14}）、庚烷（C_7H_{16}）等。

2.1.1 天然气

天然气是多种气体的混合物，主要是甲烷，包含其他一些少量的杂质如氮气、二氧化碳和硫化氢等。其中最易挥发的成分为 C_{1-3} 化合物，且作为相关或非相关的气体，其组成了与原油接触的自由天然气，其挥发性同样地取决于温度、压力和储层原始流体的组成。

天然气分类如下。

（1）干气：几乎不包含液相的天然气，每百万立方英尺干气中含有少于两桶的挥发油；

（2）湿气：含有一定比例液相的天然气；

（3）脱硫气：不含 H_2S 的天然气；

（4）含硫气：含有一定百分比（可感知）H_2S 的天然气；

（5）酸性气体：含有一定百分比 CO_2 的天然气。

这些气体是高度可压缩的，可通过理想气体状态方程来定义。

2.1.2 原油

原油主要由丙烷及以上的液态烃类组成，根据它们的相对密度（SG）或 API°（美国石油学会标准）。分为轻、中、重质原油，原油中含多种烃类化合物，根据特点分为石蜡（烷烃）、环烷烃和芳香烃三大类。

原油还可进一步划分为挥发油（$SG=0.78\sim0.825$，相当于 $40°\sim50°$ API）、黑油（$SG=0.825\sim0.876$，相当于 $30°\sim40°$ API）、重油（$SG=0.904\sim0.934$，相当于 $20°\sim25°$ API）和焦油砂或沥青（$SG=1$，相当于 $10°$ API）。轻质原油（挥发油或黑油）主要由链烷烃组成，而重油或焦油砂主要由沥青质组成，黑油一般是链烷烃和沥青质的混合物。

°API 定义如下：

$$°API = \frac{141.5}{SG} - 131.5 \tag{2.1}$$

2.1.3 凝析油

凝析油是在特定的温度压力下较重的烃从气藏中凝析出来的液态烃，凝析油一般为50°~70°API，相当于相对密度为0.702~0.78，典型的储层流体组成见表2.1。

表2.1　油气储层流体组成的一个典型例子　　　　　　%（质量分数）

组分	干气	湿气	贫气	富气	近凝析气	挥发性油
N_2	0.3	0.4	0.08	2.23	5.65	1.67
CO_2	2.78	0.72	2.44	0.45	2.01	2.18
C_1	94.41	81.64	82.10	65.68	46.79	60.51
C_2	1.44	8.71	5.78	11.7	12.65	7.52
C_3	0.34	4.22	2.87	5.87	5.87	4.74
iC_4	0.07	0.68	0.56	1.27	6.04	0
nC_4	0.1	1.01	1.23	1.68	—	4.12
iC_5	0.04	0.37	0.52	0.71	3.92	0
nC_5	0.04	0.29	0.6	0.71	—	2.97
C_6	0.04	0.34	0.7	0.998	4.78	1.38
C_{7+}	0.44	1.61	3.12	8.72	12.32	14.91
相对分子质量	17	21.4	23.5	35.52	45.05	46.69

2.2　综合生产系统

在温度压力升高时、油、气层流体高度压缩，并存储了大量的压缩能。因此，流体的生产效率需要通过整个生产系统进行能量调配。典型的出砂套管井的综合生产系统组成如图2.1所示。

综合生产系统用以进行生产、优化、维护以及监测，以便于提供合适的动力。首先，储层流体（油、气、水等）要流过储层岩石到达井底，而岩石是一种孔隙介质，要损失一部分压力，损失的部分压力即为压降，压降的大小取决于岩石和流体特性。

流体到达井底进而进入生产管柱（完井系统），环空被封隔器隔离开。完井管柱主要由生产油管和不同尺寸的各类完井工具组成，这些完井工具具有以下功能：

（1）流体循环；

（2）分离与控制；

（3）储层监测；

（4）关井期间的储层保护；

（5）流量、温度、压力等的监测；

（6）修井；

（7）出现不受控流体泄漏时，完井管柱作为一道屏障；

（8）油管能够承受一定的应力。

流体从储层通过射孔孔眼进入井底，到达井底后向上流动经过完井管串，在此过程中，

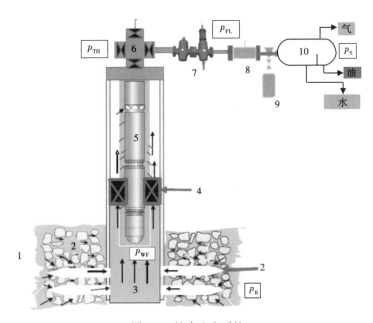

图 2.1   综合生产系统

1—储层；2—射孔段；3—井底；4—完井封隔器；5—完井管柱；6—井口；7—油嘴管汇；
8—出砂监测；9—除砂器；10—分离器

会产生三个主要的压降：

（1）摩擦压降，$\Delta p_{\text{Friction}}$；

（2）由于势能产生的静水柱压力 Δp_{H}；

（3）由于膨胀或收缩以及流经限制区域产生的动能损失 Δp_{KE}。

上述压降构成了总的垂直压降。到达地面后，流体流过井口设备、地面管汇设备（包括油嘴）以及一系列的其他设备，如砂监测短管、除砂器和三相分离器，这些设备构成了地面处理设备。

在深水环境中，分离器可位于水下，水深超过 2000m，进行海底分离是流体生产管理最经济的方式；或者使用水下回接管汇把多口井连接到一条管汇上也是比较经济的一种做法，这条汇总管汇将流体输送至陆上进行进一步处理。典型的海底生产系统如图 2.2、图 2.3 所示。

该系统的产能依赖于流体流经每个单元时的压力损失，如储层、油管及油嘴，因此这些单元也成为了生产技术专家必须进行组合优化的节点。

（1）流入动态曲线（IPR）：定义储层流动期间压降与流速之间的关系。

（2）油管流动动态曲线（TPR）、井筒动态曲线（WPR）或垂直举升动态曲线（VLPR）：分别定义油管内流速、井筒内流速以及举升过程中的流速与压降之间的关系。

（3）油嘴性能（CPR）：定义由油嘴尺寸引起的管汇流动变化与压力降之间的关系。

在储层开发（也称储层管理）过程中，大多数情况下，流体自身储存的能量可以提供整个生产系统总的压力损失，因此，

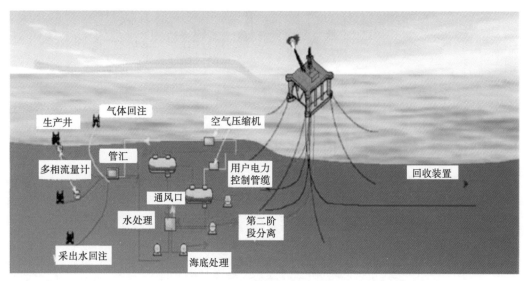

图 2.2　典型的海底生产系统

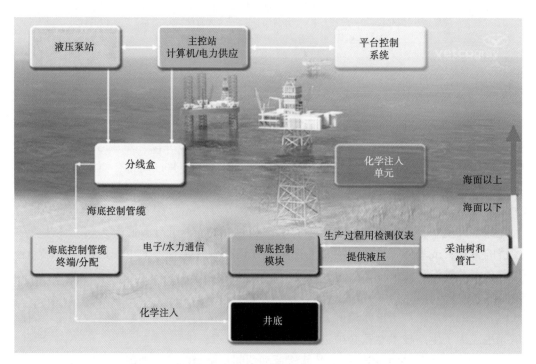

图 2.3　典型的深水生产系统示意图（来源：Brookes）

$$p_{Res} = \Delta p_{Res} + \Delta p_{BHC} + \Delta p_{VL} + \Delta p_{SURF} + \Delta p_{CHOKE} + \Delta p_{SEP} \qquad (2.2)$$

式中　p_{Res}——储层初始压力或平均压力；

　　　Δp_{Res}——储层到井底之间流动产生的压力降；

Δp_{BHC}——流体进入到井筒后产生的压力损失，其大小依赖于井底完井方式；

Δp_{VL}——流体在生产管柱内向上流动引起的压力损失；

Δp_{SURF}——井筒、采油树和地面管汇的压力损失。

Δp_{CHOKE}——通过油嘴时的压力降，一般该值比较大，以便为下游的分离器及处理设备等提供一个稳定的压力；

Δp_{SEP}——分离器从水和杂质中分离出气液需要的压力。

$$\Delta p_{VL} = \Delta p_{FRICT} + p_H + \Delta p_{KE} \tag{2.3}$$

式中　Δp_{FRICT}——油管内摩擦引起的压力损失；

p_H——油管内流体液柱压力带来的阻力，取决于流体自身密度；

Δp_{KE}——完井工具变径引起的动能损失，例如配件、节流装置、井下安全阀等。

从完井设计角度看，一个好的节点分析，获取最优化的管柱尺寸是基本要求。油管尺寸越大，摩阻压降越低，同时修井越容易。对动能损失而言，不同内径管柱之间使用内置的变径接头可以有利于降低压力损失的快速增长。从生产角度看，可以使用抑制剂降低结垢结蜡沉积，减阻剂的使用也可以降低摩阻。对于长水平井和大位移井，使用流入控制装置也将有助于克服高摩阻。

降低 Δp_{SURF} 可通过优化管汇尺寸，使用抑制剂、降阻剂来减少结垢、结蜡、水合物和碎屑沉积等措施。定期清管以及状态监控对于流体运移是必需的。与产量优化相关的是优化增压点，尤其对于气井更是如此。

为保证 p_{Res}，来控制压力下降的速度，应采用液体回注，如注气、注水等措施。

为保证 Δp_{Res}，尽量降低流动阻力，如采用水平井及多分支井等措施。对于重质油来说，通过溶剂注入或加热可以降低流体黏度进而降低储层对其的阻力。对于气藏，降低凝析会减小压降；对于凝析气藏，避免反气化将会降低储层压力降。

减小 Δp_{BHC} 降最好的做法是将生产管柱下到靠近产层顶部并且/或使用一个桥塞来降低井底口袋高度。

为保证 Δp_{CHOKE} 与所需要的油管流压一致的油嘴尺寸优化是整体节点分析的重要组成部分。

海面之上的设备是综合生产系统的一个基本组成部分，分离器的滞留时间和除去底部沉积物对于分离单元来说至关重要。对于存在出砂问题的井而言，在平台或海底井口安装水力旋流分离系统进行除砂进而提高产能或许是有效的。所有的压降与开采速度相关。系统总压降可定义如下：

$$\Delta p_{TOTAL} = p_{Res} - p_{SEp} = \Delta p_{Res} + \Delta p_{BHC} + \Delta p_{VL} + \Delta p_{SURF} + \Delta p_{CHOKE} \tag{2.4}$$

因此，在可以获得的给定压力下每个部分的压力降可单独或共同最小化以获取最大生产速度，这就是生产系统的优化。

一般情况下，也可通过以下方法提高开采速度：

（1）增加储层压力；

（2）为流体垂直举升提供更高能量；

（3）对于存在出砂问题的储层，进行综合砂管理可能会带来额外的益处。

第一条通常比较困难，然而，通过注入大量的水或气体可以有效维持地层压力，并且可以延缓出砂。

即人工举升系统是用来提高垂直举升的技术，包括：

（1）只提供额外的能量来帮助举升，例如使用电潜泵，水力活塞泵、射流泵或有杆泵；

（2）降低垂直举升的压降梯度，特别是降低流体密度，典型的例子是气举，即通过生产管柱和套管之间的环形空间将气体注入进油管，气体与流体混合后密度降低，静水柱压力减小进而 Δp_{VL} 降低，这种工艺气体会膨胀，并可以提高流出量。

2.3 综合生产系统描述

综合生产系统由下面若干关键节点组成。

（1）储层：与储层压力 p_R 和流入动态曲线有关；

（2）井筒：井底流压 p_{wf} 和垂直举升/流出量有关；

（3）生产油管：与采出性能有关；

（4）井口/油嘴：与油嘴性能和油管头压力 p_{TH} 有关；

（5）地面管汇：与管汇压力 p_{FL} 有关；

（6）分离器系统：与油气分离站压力 p_{SEP} 有关。

生产和流动效率的优化，特别是对于存在出砂问题的储层，需要一个整体系统的方法来管理综合生产系统。其基本要求是对于任何节点的流入要等于流出，且节点处存在压力。因此，系统方法需要强大的节点分析能力，来描绘节点流量与节点压力之间的关系。

2.3.1 生产系统压力剖面

图 2.4 所示为一个典型的节点压力—节点流动剖面图。对于井底采用防砂完井的井，最终的井底流动压力会受到防砂完井方式、防砂系统安装和防砂系统性能的强烈影响。

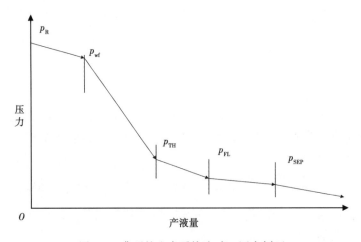

图 2.4 典型的生产系统流动—压力剖面

系统压力剖面描述如下：

$$p_R - p_{SEP} = \Delta p_{TOTAL} = \Delta p_{RES} + \Delta p_{VL} + \Delta p_{SURF} + \Delta p_{CHOKE} \tag{2.5}$$

式中　p_R—储层压力；p_{SEP}—分离器压力；Δp_{SEP}—生产压差，$p_R - p_{wf}$；p_{wf}—井底流压；Δp_{BHC}—井底压力降；Δp_{VL}—油管流动压力损耗，$\Delta p_{FRIC} + \Delta p_{HD} + \Delta p_{KE}$；$\Delta p_{SURF}$—井口、采油树、地面管汇压力降；$\Delta p_{FRIC}$—油管内由于摩擦造成的压力降；$\Delta p_{KE}$—动能损失；$p_H$—静水压力；TVD—垂直井深。

2.4　储层岩石和流体性质

典型的储层岩石系统由岩石基质、流体和圈闭组成，其中流体是油、气、水的组合。本节重点介绍岩石与流体的性质，油气储层可按照以下特征进行分类：

（1）根据压力，可分为正常压力储层、异常压力储层、欠压储层、超压储层；

（2）根据岩性；

（3）根据强度，可分为未胶结储层、部分胶结储层、松散储层、胶结储层。

（4）根据所含流体类型，可分为气藏、油藏、凝析气藏、多相储层。

2.4.1　温度压力体系

储层岩石最初包含地层水（盐水），随后地层水在油气形成的过程中会被挤出，因此，通常按照相对于水的密度对储层压力进行分类。

（1）正常压力储层：比较典型的储层，压力梯度为 0.433~0.465psi/ft；

（2）异常高压储层：压力梯度大于 0.465psi/ft 或压力大于 10000psi；

（3）异常低压储层：压力梯度小于 0.433psi/ft。

油气藏具体分类：

（1）高压高温（HPHT）储层：压力大于 10000psi，温度不低于 300℉；

（2）高压低温储层：压力大于 10000psi，温度不大于 60℉。

对高压高温又可进一步分类为：

①10kpsi+350℉，高压高温；

②15kpsi+400℉，超高压高温；

③30kpsi+500℉，极高压高温。

在陆上及深水环境，都存在上述类型油气藏。

深水是当今及未来油气生产的主要产区，通常具有储层复杂、高压高温、多相流生产、出砂、产水等特点。

按照水深对深水层进行分类，可分为：

（1）浅层，30m；

（2）深水，30~1500m；

（3）超深水，1500~3000m；

（4）极深水，大于 3000m。

2.4.2　含砂储层

典型的含砂油气储层包括碳酸盐岩、浊流岩/砂岩层以及镁石灰岩和泥岩组成的盖层。典型的砂岩充填体系如图 2.5 所示，典型的砂基质模型由颗粒、包含流体的孔隙以及颗粒与颗粒之间的充填物质组成，如图 2.6 所示。

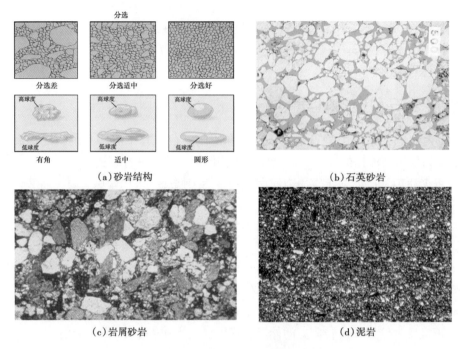

图 2.5　典型砂岩充填体系

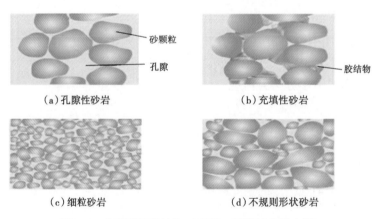

图 2.6　典型的砂岩结构（来源：罗伯特戈登大学）

2.4.3　岩石性质

储层岩石性质可分为三个方面：

（1）流动特性；

（2）弹性，对出砂率的预测尤为重要；

（3）电特性，与测井及岩石物性测定相关。

2.4.3.1　岩石流动特性

岩石流动特性关键参数包括孔隙度、渗透率（绝对渗透率、有效渗透率和相对渗透率）、压缩性、润湿性、毛细管压力、扩散常数和岩石的结构特性（颗粒大小、孔径分布、分选程度、均匀系数、形状、充填系数）等。

（1）孔隙度。

孔隙度是描述岩石内可包含储层流体的孔隙体积的度量。因此，在给定的储层内油、气、水的体积直接取决于孔隙度，孔隙度（ϕ）是岩石内孔隙的体积 V_p 与岩石体积 V_B 的比值，数学表达式为

$$\phi = \frac{V_p}{V_B} \tag{2.6}$$

孔隙类型分为：

①原始孔隙度——形成于初始沉积时；

②次生孔隙度——形成于成岩阶段；

③绝对孔隙度——度量岩石总的孔隙体积与岩石外表体积比值的函数；

④有效孔隙度——度量岩石内有效的孔隙体积与岩石外表体积的比值的函数，也是束缚水饱和度的函数，定义如下：

$$有效孔隙度 = 孔隙度 \cdot (1 - S_{wirr}) \tag{2.7}$$

式中 S_{wirr}——束缚水饱和度。

成岩作用影响最终孔隙度，特别是润湿性、充填结构及地层结构特性；而结构影响有效孔隙度和相应的孔径分布，如图 2.7 所示。

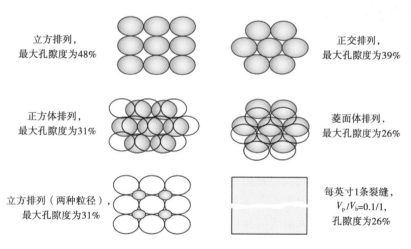

立方排列，
最大孔隙度为48%

正交排列，
最大孔隙度为39%

正方体排列，
最大孔隙度为31%

菱面体排列，
最大孔隙度为26%

立方排列（两种粒径），
最大孔隙度为31%

每英寸1条裂缝，
V_p/V_b=0.1/1，
孔隙度为26%

图 2.7　颗粒排列方式对孔隙度的影响

孔隙度可通过对岩样直接测量获得，但对于未胶结好的储层而言，好的岩心样品很难获得。选择侧壁岩心或许有用，但是其往往又不具有代表性。依靠测井获得孔隙度现已成为常态，孔隙度可通过声波、密度、中子、核磁共振测井获得。

（2）渗透率。

渗透率定义为在一定压差下储层允许流体通过的能力，是与流量和压力变化（Δp）相关的比例常数，是进行产量预测时最重要的参数，线性流条件下数学表达为

$$q = \frac{KA\Delta p}{\mu \Delta L}$$

$$K = \frac{q\mu\Delta L}{A\Delta p} \tag{2.8}$$

式中　q——流量;

　　　K——渗透率;

　　　μ——流体黏度;

　　　A——岩石截面积;

　　　Δp——压力差;

　　　ΔL——长度。

①有效渗透率。

岩石中包含多相流体时,每相流体的流动能力由于多相的存在会受到削弱,而有效渗透率是存在多相流体时岩石针对某一相的渗透率,通常用 K_o 表示油的有效渗透率;K_g 表示气的有效渗透率,K_w 表示水的有效渗透率。

②定向渗透率。

定向渗透率包括垂向渗透率(K_V)、水平渗透率(K_H)和 z 方向渗透率(K_z)。对于各向同性储层,具有相同或相似的垂向/水平渗透率;而各向异性储层的水平/垂向渗透率则不相同。

③相对渗透率。

相对渗透率是指多相流中某一相流体的有效渗透率与岩石绝对渗透率(K)的比值,其很大程度上取决于流体饱和度和相润湿性。

$K_{ro} = K_o/K$ 油的相对渗透率;

$K_{rg} = K_g/K$ 气的相对渗透率;

$K_{rw} = K_w/K$ 水的相对渗透率。

④绝对渗透率。

绝对渗透率可以使用渗透率测试仪对岩心样品进行测量,通过达西公式计算得到,也可通过储层压力恢复测试得到。但是由初始含水饱和度可知,这样得到的值是油相的平均有效渗透率,可能与实验室内岩心测试得到的绝对渗透率有很大不同。绝对渗透率常被用来确定储层中不同流体同时流动时的相对渗透率。

⑤多层渗透率。

分层储层的平均渗透率 K_{avg} 可通过式(2.9)进行计算:

$$K_{avg} = \frac{\sum\limits_{i=1}^{n} K_i h_i}{h_t} \tag{2.9}$$

式中　K_i——分层渗透率;

　　　h_i——分层厚度;

　　　h_t——总厚度。

对于串联地层，例如砾石充填完井中的一个砾石层、一个被伤害储层和一个低产储层，平均渗透率。可按式（2.10）至式（2.11）计算：

$$\Delta p_{\text{T}} = \Delta p_1 + \Delta p_2 + \Delta p_3 + \Delta p_4 = p_1 - p_4 \tag{2.10}$$

$$q_1 = q_2 = q_3 \tag{2.11}$$

$$K_{\text{avg}} = \frac{L_{\text{T}}}{\sum \dfrac{L_n}{K_n}} \tag{2.12}$$

式中　Δp_{T}——总压降；

$\quad\Delta p_1$——低产储层的压降；

$\quad\Delta p_2$——受伤害层压降；

$\quad\Delta p_3$——砾石层压降；

$\quad p_1$——低产储层外边界的压力；

$\quad p_4$——砾石层内边界的压力；

$\quad q_1, q_2, q_3$——分别为流经低产储层、被伤害储层和砾石层的流量；

$\quad L_{\text{T}}$——总厚度；

$\quad L_n/K_n$——某一串联层段的层厚与该层的渗透率之比，n 取 1，2，3；

$\quad K_{\text{avg}}$——该串联地层的平均渗透率。

（3）可压缩性。

基质压缩系数 c_{f} 是地层压力每降低单位压力时，单位视体积岩石中孔隙体积的缩小值，可以表示为

$$c_{\text{f}} = \frac{1}{V_{\text{p}}} \frac{\mathrm{d}V_{\text{p}}}{\mathrm{d}p} \text{ psi}^{-1} \tag{2.13}$$

式中　V_{p}——孔隙体积；

$\quad\mathrm{d}V_{\text{p}}/\mathrm{d}p$——单位压力的变化造成的孔隙体积变化；

$\quad\text{psi}^{-1}$——压力变化，1psi 的体积变化量。

同样地，对于油气水压缩性可同样进行定义。

总压缩系数可定义为

$$c_{\text{t}} = c_{\text{g}}s_{\text{g}} + c_{\text{o}}s_{\text{o}} + c_{\text{w}}s_{\text{w}} + c_{\text{f}} \tag{2.14}$$

式中　c_{g}——气体压缩系数；

$\quad c_{\text{o}}$——油压缩系数；

$\quad c_{\text{w}}$——水压缩系数；

$\quad c_{\text{f}}$——岩石压缩系数；

$\quad s_{\text{g}}$——含气饱和度；

$\quad s_{\text{o}}$——含油饱和度；

$\quad s_{\text{w}}$——含水饱和度。

(4) 润湿性。

润湿性是度量当其他流体存在时，一种流体粘附到岩石表面的倾向。对于油藏来说，润湿性分为水湿、中性润湿、油湿，如图 2.8 所示。

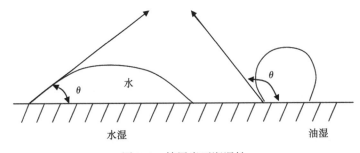

图 2.8　储层岩石润湿性

(5) 毛细管压力。

毛细管压力定义为两相不混溶液体弯曲界面两侧的压力差。毛细管压力定义为

$$p_c = \frac{2\sigma_{wo}\cos\theta}{r}$$

式中　p——毛细管压力；

　　　σ_{wo}——油水之间界面张力；

　　　θ——接触角；

　　　r——毛细管半径。

$$p_c = (\rho_w - \rho_o)gh \tag{2.15}$$

式中　ρ_w——水密度；

　　　ρ_o——油密度；

　　　g——重力加速度；

　　　h——水柱高度。

在水湿油藏中，由于毛细管力的存在，从含水带由含水 100% 到某个含水饱和度（S_{wc}）再到含油带，即存在一个过渡带，如图 2.9 所示，其高度为

$$h = \frac{144p_c}{(\rho_w - \rho_o)} \tag{2.16}$$

对很多胶结不好的储层而言，岩石基质颗粒因渗透压而固结在一起，水侵导致毛细管力增加超过渗透压进而破坏胶结，相应地出砂增加。

(6) 结构特性。

结构特性包括：

①平均粒度——在进行砾石充填防砂时需要了解超过 50% 地层砂粒度的大小；

②粒度分布；

③形状。

这些特性对于进行详细沉积学研究和定义适当的防砂设计尤为重要，传统的百分数分布曲线仍然用于粒度分析，从而得到分选系数及均匀系数等。

具有代表性的岩样可通过下述方法获得：

①通过标准的录井过程记录含油层段岩屑；

②选择井壁取心，尽可能整体取样。

此后，可以通过以下方式进行详细分析：

①传统的干筛析；

②采用精密的粒子分析仪，如马尔文库特计数器以及定量电子颗粒分析仪。

典型的粒度曲线如图 2.9 所示。

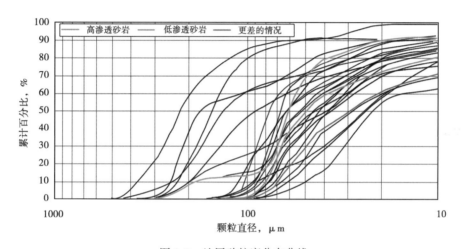

图 2.9　地层砂粒度分布曲线

对于分选沉积学模型，结构特性可通过下面的公式计算：

$$S = \frac{\varphi_{84} - \varphi_{16}}{4} + \frac{\varphi_{95} - \varphi_{5}}{6.6} \tag{2.17}$$

$$\phi = -\lg 2d \tag{2.18}$$

式中　S——分选系数；

　　　φ—— 一定累计百分比颗粒的直径取对数；

　　　d——颗粒直径，mm。

分选判定标准为：

①$S<0.35$，极好；②$0.35<S<0.5$，好；③$0.5<S<0.71$，较好；④$0.71<S<1.0$，中等；⑤$1.0<S<2.0$，差；⑥$S>2.0$，较差。

也可使用工程师法计算：

$$S = \frac{\varphi_{90} - \varphi_{10}}{2} \tag{2.19}$$

其中：

①$S<1$，分选较好；②$S>1$，分选较差。

孔径分布可用下式（2.20）或式（2.21）计算：

$$D_{\text{pore}} = \frac{D_{50}}{6.5} \qquad (2.20)$$

$$D_{\text{pore}} = \frac{D_{50}\phi}{3(1-\phi)} \qquad (2.21)$$

式中　D_{pore}——地层平均孔径；

　　　　D_{50}——累计质量达到50%时所对应的砂粒直径；

　　　　ϕ——孔隙度。

2.4.3.2　弹性或地质力学属性

弹性或地质力学属性可以衡量岩石在受到内外力时变形的大小，主要包括泊松比、体积模量、剪切模量、抗压强度。这些参数的重要性体现在可预测井壁稳定（出砂）、预测出砂速率和优化射孔策略等。

泊松比是受拉伸方向横向收缩应变与纵向扩张应变的比值，受拉时为正，受压时为负，数学表达式为

$$\upsilon = -\frac{\varepsilon_{\text{trans}}}{\varepsilon_{\text{long}}} \qquad (2.22)$$

式中　υ——泊松比；

　　　　$\varepsilon_{\text{trans}}$——横向收缩应变；

　　　　$\varepsilon_{\text{long}}$——纵向扩线应变。

$$\upsilon = \frac{3K-2G}{6K+2G} \qquad (2.23)$$

式中　K——体积模量；

　　　　G——剪切模量。

$$E = 2G(1+\upsilon) \qquad (2.24)$$

式中　E——弹性模量。

$$K = \frac{\Delta p}{\Delta V/V} \qquad (2.25)$$

$$G = \frac{F/A}{\Delta x/h} \qquad (2.26)$$

式中　F——施加在单位横截面积A、单位长度L上的力；

　　　　A——受力面积，mm^2；

　　　　Δp——作用于物体上的应力变化量；

　　　　$\Delta V/V$——物体单位体积的变化量，即体积应变；

$\Delta x/h$——剪切应变。

其中

$$E = \frac{F/A}{\Delta L/L}$$ （2.27）

式中　ΔL——受力为 F 时的伸长或缩短量；

　　　L——物体的决长度；

　　　$\Delta L/L$——轴向应变。

2.4.3.3　电特性

岩石的电特性并不是岩石本身的直接特性，而是与其所含的流体相关。电特性是岩石耐电性的度量，包括导电性和电阻率。其现场主要应用于储层流体识别、钻井液化学和地层化学分析，可以在室内通过电阻率计算或现场采用电阻率测井获取。导电性可用于地层水的鉴定和流体饱和度定义。一般而言，原油电阻率高于地层水。

2.5　储层流体性能

储层流体主要包括重质油、黑油、挥发油、高收缩油、近临界凝析气、富凝析气、贫凝析气、湿气、干气、地层水。

储层或地面条件下流体的存在形式受不同温度压力条件下相行为的影响，如图 2.10 所示，不同流体的相行为曲线如图 2.11 所示。

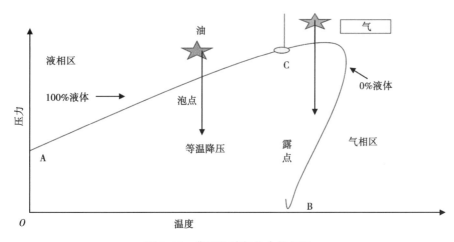

图 2.10　典型的碳氢化合物相图

一般来说，不同种类的油气其颜色各不同，重质油呈现为黑色，黑油呈现为棕色至深绿色，挥发性油呈现为浅绿色至橙色，凝析油呈现为橙色至黄色，湿气或干气呈现为黄色至无色。

评价油气和地层水的关键参数包括 PVT 特性和流动特性两大类。

（1）PVT 特性，包括体积系数、溶解度、溶解气油比、挥发性气油比；

（2）流动特性，包括密度/相对密度/°API、黏度、相对分子质量、偏差因子、压缩系

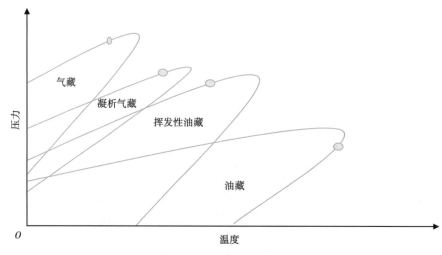

图 2.11　不同储层流体相图

数、泡点压力。

2.5.1　原油体积系数 B_0

原油体积系数为原油在地下的体积与其在地面脱气后的体积之比。

原油收缩系数为体积系数的倒数,即原油收缩系数为 $1/B_0$。

2.5.2　天然气体积系数 B_g

天然气体积系数指一定量的天然气在油气层条件下的体积与气体在地面标准状态下所占体积之比。

天然气膨胀系数为天然气体积系数的倒数,即天然气膨胀系数为 $1/B_g$。

2.5.3　溶解气油比 R

溶解气油比指在地层条件下一定原油体积内溶解的气体体积与原油体积的比值。油和气体体积均在标准状态下测量得到,单位为 ft^3/bbl。

2.5.4　挥发油气比 R_v

挥发油气比是指地面原油体积与在储层条件下以气相存在的气体体积比值,油和气体体积均在标准状态下测量得到。

2.5.5　流体密度

流体密度是指每单位截面面积的质量,在实际应用中,油的密度可以表示为相对密度 SG_{oil} 或 °API。

$$SG_{oil} = \frac{\rho_{oil}}{\rho_{water}} \tag{2.28}$$

$$°API = \frac{141.5}{SG_{oil}} - 131.5 \tag{2.29}$$

2.5.6　偏差因子

偏差因子指给定压力和温度下,一定量真实气体所占的体积与相同温度、压力下等量理想气体所占有的体积之比，其随着气体组成和压力温度的变化而变化。偏差因子可以通过对比状态定律获得，即在相同的对比压力、对比温度下，所有的纯烃气体具有相同的偏差因子。

一种计算偏差因子 Z 的较好的方法是霍尔—亚伯勒法，计算过程如下：

$$Z = \frac{\left[1 + x + x^2 - x^3\right]}{(1 - x^3)} - Ax + Bx^C \tag{2.30}$$

其中

$$A = 14.76t - 9.76t^2 + 4.58t^3 \tag{2.31}$$

$$B = 90.7t - 242.2t^2 + 424t^2 \tag{2.32}$$

$$C = 1.18 + 2.82t \tag{2.33}$$

$$x = \frac{bp}{14ZRt} \tag{2.34}$$

$$b = 0.245\left[RT_c/p_c\right]\mathrm{e}^{-1.21(1-t)^2}t = \frac{T_c}{T} \tag{2.35}$$

式中　t——对比温度；

T_c——理想气体温度；

T——真实气体温度；

p/p_c——对比压力；

p——真实气体压力；

p_c——理想气体压力；

R——理想气体常数；

A，B，C，x，b——中间迭代计算参数。

气体其他性质参数分别如下。

（1）气体密度 ρ_g。

$$\rho_g = \frac{pMW}{ZRT} \tag{2.36}$$

式中　MW——气体相对分子质量；

Z——气体偏差因子；

R——理想气体常数。

（2）气体相对密度 γ_g。

$$\gamma_g = \frac{MW}{28.9966} = \frac{\rho_g}{\rho_{air}} \tag{2.37}$$

（3）气体黏度 μ_g。

$$\mu_g = 10^{-4}A\mathrm{e}^{B\rho_g^C} \tag{2.38}$$

其中

$$C = 2.447 - 0.2224B \tag{2.39}$$

$$B = 3.408 + \frac{986.4}{T} + 0.01009MW \tag{2.40}$$

$$A = \frac{(9.379 + 0.01607MW)T^{1.3}}{209.2 + 19.26MW + T} \tag{2.41}$$

（4）气体地层体积系数 B_g。

$$B_g = \frac{v_R}{v_s} = \frac{0.005035TZ}{p} \tag{2.42}$$

式中 B_g——天然气体积系数；

$\quad\quad v_R$——天然气在地下体积；

$\quad\quad v_s$——地面标准体积；

$\quad\quad T$——气藏条件下的温度；

$\quad\quad p$——气藏条件下的压力；

$\quad\quad Z$——气体偏差系数。

（5）地面气体摩尔分数 y_g。

$$y_g = \frac{MW_{osc} - MW_g}{MW_{osc} - MW_{gsc}} \tag{2.43}$$

式中 MW_{osc}——标准状态下油的相对分子质量；

$\quad\quad MW_{gsc}$——标准状态下气体的相对分子质量；

$\quad\quad MW_g$——气体的相对分子质量。

（6）挥发性气油比 R_v：

$$R_v = \frac{333.3\left(\dfrac{MW_g}{MW_{gsc}} - 1\right)}{44.29\dfrac{\gamma_{osc}}{MW_{gsc}} - \dfrac{MW_g}{MW_{gsc}}(1.03 - \gamma_{osc})} \tag{2.44}$$

（7）油相对密度 SG。

$$SG_{oil} = \frac{\rho_{oil}}{\rho_{water}} = \gamma_{osc} \tag{2.45}$$

$$°API = \frac{141.5}{SG_{oil}} - 131.5 \tag{2.46}$$

（8）油相对分子质量 MW_{osc}。

API 重度<40°API 时

$$MW_{osc} = 630 - 10 \times [°API] \tag{2.47}$$

API 重度>40°API 时

$$MW_{osc} = 73100 \times API^{-1.562} \tag{2.48}$$

$$MW_{osc} = \frac{6084}{^\circ API - 5.9} \tag{2.49}$$

（9）溶解气油比 R_s，以斯坦丁关系曲线为例。

$$R_s = \gamma_g \times \left(\frac{p}{18 \times 10^{y_g}} \right) \tag{2.50}$$

式中　p——油气混合物所受压力。
其中

$$y_g = 0.00091T - 0.0125g_{API} \tag{2.51}$$

式中　g_{API}——气体的 API 重度。

（10）原油地层体积系数 B_o：

$$B_o = 0.972 + 0.000147F^{1.175} \tag{2.52}$$

$$F = R_s (g_g/g_{osc}) 0.5 + 1.25T \tag{2.53}$$

式中　F——相关函数；
　　　T——储层温度，℉。
其中

（11）原油黏度。
①黑油 Ng—Egbogah 关系式：

$$\lg[\lg(\mu_{OD} + 1)] = 1.8653 - 0.025086API - 0.5644\lg T \tag{2.54}$$

式中　μ_{OD}——压力为 14.7psi 下的自由气体黏度，cP。
　　　T——华氏度。
②贝格斯—罗宾逊关系式：
气饱和油（天然气饱和的原油）

$$\mu_o = A\mu_{OD}^B \tag{2.55}$$

其中

$$A = 10.715(R_s + 100)^{-0.515} \tag{2.56}$$

$$B = 5.44(R_s + 150)^{-0.338} \tag{2.57}$$

（12）水密度 ρ_w。

$$\rho_w = 62.368 + 0.438603S + 1.60074(E - 3)S^2 \tag{2.58}$$

式中　S——矿化物占所有溶解固体（TDS）的质量分数。

2.6　储层流体流动基本原理

描述流体在孔隙介质中流动的主要方程就是达西定律方程。孔隙介质如图 2.12 所示，岩样长度为 L，截面积为 A，黏度为 μ 的流体以流量 q 流过，流动造成的压力降 Δp 取决于

岩样的渗透率 K。

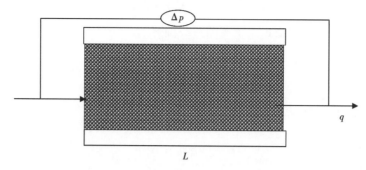

图 2.12　线性流通过孔隙介质示意图

表观速度 v 计算:

$$v = \frac{q}{A} \tag{2.59}$$

$$v = \frac{K}{\mu} \frac{\Delta p}{L} \tag{2.60}$$

式中　K——渗透率;

　　　μ——黏度;

　　　Δp——压力降;

　　　L——长度;

　　　q——流量;

　　　A——截面积。

2.6.1　线性流模型

考虑黏度 μ 的流体以稳态线性流通过长度为 L 的矩形岩样,如图 2.13,对于线性流:

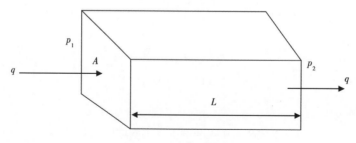

图 2.13　线性流模型

$$q = \frac{KA}{\mu} \frac{(p_1 - p_2)}{L} = \frac{KA}{\mu} \frac{\Delta p}{L} \tag{2.61}$$

式中　q——体积流量,cm^3/s;

　　　A——截面积,cm^2;

L——长度，cm；

Δp——压力降，atm；

μ——流体黏度，cP；

K——基质渗透率，D。

在 API 单位中：

$$q = 1.127 \frac{KA\Delta p}{\mu L} \qquad (2.62)$$

$$v = 7.318 \frac{\Delta p}{\mu L} \qquad (2.63)$$

式中各物理单位分别为：q，bbl/d；A，ft^2；L，ft；μ，cP；Δp，psi；v，ft/s；K，D。

该模型可用于岩心数据分析，特别是用于评价钻井液、完井液侵入的影响、回流恢复渗透率分析、支撑剂流动性分析等。

2.6.2　线性流通过组合层段

2.6.2.1　串联地层的流动

串联地层流动模型如图 2.14 所示，某线性稳定流以流量 q 通过四层，假设截面都为 A，间隔相等，因此，总的压力降为：

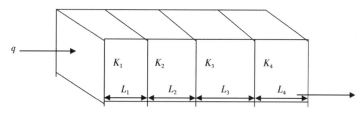

图 2.14　串联模型中的线性流

$$\Delta p_{\mathrm{T}} = \Delta p_1 + \Delta p_2 + \Delta p_3 + \Delta p_4 = p_1 - p_4 \qquad (2.64)$$

$$q = \frac{K_1 A \Delta p_1}{\mu L_1} = \frac{K_2 A \Delta p_2}{\mu L_2} = \frac{K_3 A \Delta p_3}{\mu L_3} = \frac{K_4 A \Delta p_4}{\mu L_4} = \frac{K_2 \bar{A} \Delta p_{\mathrm{T}}}{\mu L_{\mathrm{T}}} \qquad (2.65)$$

$$\Delta p_{\mathrm{T}} = p_1 - p_4 = \frac{q\mu}{A}\left(\frac{L_1}{K_1} + \frac{L_2}{K_2} + \frac{L_3}{K_3} + \frac{L_4}{K_4}\right) = \frac{q\mu}{A}\frac{L}{\bar{K}} \qquad (2.66)$$

$$\frac{L}{\bar{K}} = \frac{L_1}{K_1} + \frac{L_2}{K_2} + \frac{L_3}{K_3} + \frac{L_4}{K_4} \qquad (2.67)$$

该模型可用于分析：

（1）对岩心进行钻井液伤害风险评估研究时，需要评估流体侵入带来的力学损伤对岩石渗透率的影响；

（2）钻井液和完井液的侵入深度；

（3）砾石充填对于流体流入的影响；

（4）生产测井数据分析每个储层段的贡献。

2.6.2.2 并联地层的流动

如图 2.15 所示为多层并联模型，此时，通过每个平行层的压力降是相同的，而每层的流速是每层渗透率的函数。

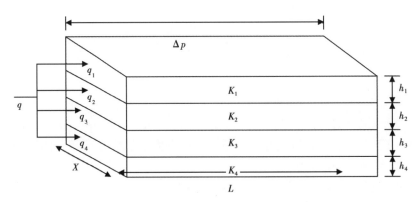

图 2.15 多层并联模型

$$q = q_1 + q_2 + q_3 + q_4$$
$$= \frac{K_T h_T X}{\mu} \frac{\Delta p}{L} = \frac{K_1 h_1 X}{\mu} \frac{\Delta p}{L} + \frac{K_2 h_2 X}{\mu} \frac{\Delta p}{L} + \frac{K_3 h_3 X}{\mu} \frac{\Delta p}{L} + \frac{K_4 h_4 X}{\mu} \frac{\Delta p}{L} \tag{2.68}$$

其中

$$K_T h_T = K_1 h_1 + K_2 h_2 + K_3 h_3 + K_4 h_4 \tag{2.69}$$

2.6.3 径向流模型

径向流模型代表最实际的井底流入情况，特别是在裸眼完井时，如图 2.16 所示。

假设平面径向流为稳态流，流体流动距离为 dr，半径为 r，由达西定律可以得

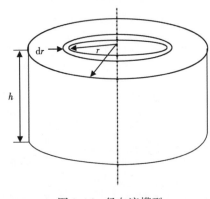

图 2.16 径向流模型

$$q = \frac{KA}{\mu} \frac{dp}{dr} \quad A = 2\pi r^2 h \tag{2.70}$$

$$\frac{q}{2\pi Kh} \int_{r_1}^{r_2} \frac{dr}{r} = \int_{p_1}^{p_2} dp \tag{2.71}$$

$$q = \frac{2\pi Kh}{\mu} \frac{\Delta p}{\ln \frac{r_2}{r_1}} \tag{2.72}$$

式中　q——液体流量；

K——渗透率；

A——流体的过流截面积；

μ——流体黏度；

Δp——r_1 和 r_2 点处的压差；

r_1，r_2——距离井筒中心轴的距离。

API 单位下：

$$q = \frac{7.08Kh}{\mu} \frac{\Delta p}{\ln \dfrac{r_2}{r_1}} \qquad (2.73)$$

式中各物理单位分别为：K，D；μ，cP；Δp，psi；h，ft；q，bbl/d；r_1，ft；r_2，ft。

对于油井：

$$q_{so} = \frac{7.08K_o h}{\mu_o} \frac{p_r - p_{wf}}{\ln \dfrac{r_e}{r_w}} \qquad (2.74)$$

式中 q_{so}——原油地面产量，bbl/d；

K_o——储层原油有效渗透率，mD；

μ_o——原油黏度，cP；

h——储层厚度，ft；

p_R——储层压力，psi；

p_{wf}——井底流压，psi；

r_e——储层泄流半径，ft；

r_w——井筒半径，ft。

2.6.3.1 串联地层的径向流

串联地层的径向流模型如图 2.17 所示。同直线流情况，其可以证明：

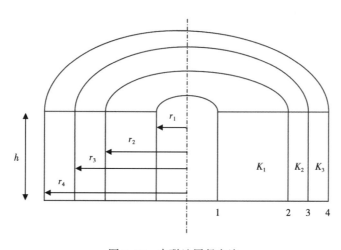

图 2.17 串联地层径向流

$$q = \frac{2\pi K_2 h (p_2 - p_1)}{\mu \ln \dfrac{r_2}{r_1}} = \frac{2\pi K_2 h (p_3 - p_2)}{\mu \ln \dfrac{r_3}{r_2}} = \frac{2\pi K_3 h (p_4 - p_3)}{\mu \ln \dfrac{r_4}{r_3}} \qquad (2.75)$$

$$q = \frac{2\pi \bar{K}}{\mu} \frac{\Delta p}{\ln \dfrac{r_e}{r_1}} \qquad (2.76)$$

其中

$$\frac{\ln \dfrac{r_4}{r_1}}{\bar{K}} = \frac{\ln \dfrac{r_2}{r_2}}{K_1} + \frac{\ln \dfrac{r_3}{r_2}}{K_2} + \frac{\ln \dfrac{r_3}{r_2}}{K_2} \qquad (2.77)$$

式中 p_1，p_2，p_3，p_4——界面1、界面2、界面3、界面4处的压力。

该模型可用于分析：

（1）由于侵入造成的岩石渗透率力学损害影响；

（2）入侵的钻井液和完井液深度；

（3）渗透率剖面对储层流入的影响。

2.6.3.2   并联地层的径向流

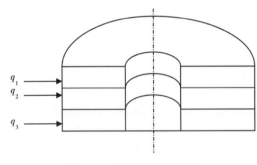

图 2.18   并联地层径向流

关联地层的径向流模型如图 2.18 所示，在并联地层中：

$$Kh_T = K_1 h_1 + K_2 h_2 + K_3 h_3 \qquad (2.78)$$

式（2.78）针对不可压缩流体稳态流动有效。对于可压缩流，质量流量是恒定的，但是体积流量会随着温度、压力以及流体组分的变化而变化。

该模型可用于分析：

（1）生产测井操作中对于含多层储层的每个层段的流量；

（2）非均质性对储层产能的影响。

2.6.4   可压缩流体流动

可压缩流体流动最典型的例子就是气体流过多孔介质。对于该类型流动：

$$q_m = \frac{2\pi K_g h \Delta p}{\mu \ln \dfrac{r_2}{r_1}} \qquad (2.79)$$

式中 q_m——平均 p_m 下的平均体积流量。

$$p_m = (p_1 + p_1)/2 \qquad (2.80)$$

由气体流动定律，标准状态下气体流量可表示为

$$\frac{q_{sc} p_{sc}}{Z_{sc} T_{sc}} = \frac{q_m p_m}{Z_m T_m} \qquad (2.81)$$

$$q_{sc} = \frac{2\pi K_g h Z_{sc} T_{sc} p (p_1 - p_2)}{p_{sc} Z_m T_m \mu_g \ln \dfrac{r_2}{r_1}}$$　(2.82)

在 API 单位制条件下：

$$q_{sc} = \frac{703 K_g h (p_R^2 - p_{wf}^2)}{T_m Z_m \mu_g \ln \dfrac{r_e}{r_w}}$$　(2.83)

式中　sc——标准工况；

M——平均值；

q——流量；

p——压力；

Z——偏差系数；

T——温度；

K_g——气体有效渗透率，D；

H——地层厚度，ft；

μ_g——气体黏度。

2.6.5　泄流和渗吸过程

泄流过程中，润湿相饱和度持续下降（如在水润湿储层进行气驱），而在渗吸过程中润湿相持续增加（如水侵），渗吸会导致储层伤害，因为其可能降低油气的相对渗透率。

2.7　生产率认识

2.7.1　储层生产理念

在高压下，岩石受到连续挤压，流体就会自岩石中自然产出。储层储集了较高的能量，使得流体能够从储层产出到井筒再到地面处理设备。

由于储层流体在体积、组分和其他性质方面连续变化，储层压力衰竭的过程是动态的。储层压力衰竭程度受生产制度的控制。

2.7.2　储层衰竭响应

对于高压储层，其最基本的判断是，随着储层流体的产出，地层压力会下降。为维持地层压力，必须通过下面的方式对储层进行压力补偿。

（1）储层岩石基质膨胀。

（2）地层束缚水的膨胀。

（3）储层中烃类相的膨胀，包括：

①压力高于泡点压力时，欠饱和油的膨胀；

②压力低于泡点压力时，油、气的膨胀；

③上覆气顶的膨胀。

（4）上覆水层的膨胀。

大多数情况下，随着开采的进行，储层不能维持它的压力，因此总的压力会降低。储层压力的利用在之前的复合生产系统部分已进行过讨论。可通过对储层能量进行有效利用，以提高生产能力。通过注入水或气增加储层压力；井筒中提供了更多的能量，包括气举，使用电潜泵、水力活塞泵、有杆泵和射流泵等。

2.7.3 油藏流体动力学

目前采用三种基本类型的流动来描述储层流动动力学：非稳态流、稳态流和拟稳态流。

（1）非稳态流。

随着储层的开采，伴随着流体组分、性质、压力以及与围岩的相互作用，流体的体积是连续变化的。这种现象代表了非稳态的情况，即所谓的瞬变现象。虽然是一种理想情况，但实际情况中，在某一特定时期，液体可以按照定义的泄油半径以指定的速度产生。非稳态流发生时间较短，由压力扰动引起，发生在井筒到储层边界之间。在此期间，储层对干扰的响应是很大的。

（2）稳态流。

当流体流过泄流半径区，如果流入储层的体积流量等于生产流量，则对储层而言该流动属于稳态流。但前提条件是系统中每一点的压力和流动条件不随时间而变化，随着流体生产，要有流体的注入以维持压力，比如通过气顶、含水层、注水、注气等。

（3）拟稳态流。

如果生产期间没有流体通过储层外边界流入，那么在生产过程中储层中的剩余流体可通过膨胀进行补偿。此时，生产会使整个储层单元的压力降低，即构成拟稳态或半稳态。该状态适用于储层以恒定流量生产相对较长一段时间的情况，储层外边界的影响变得明显。因为储层中每个点的压力都随时间降低，但是压力的变化率与时间无关，因此不是真正意义上的稳定状态。如图 2.19 所示为储层开发周期内不同的阶段的情况。

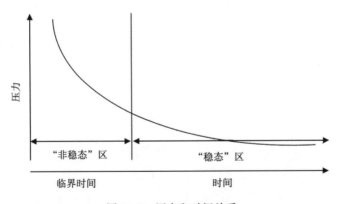

图 2.19　压力和时间关系

基于上述情况，存在一个临界时间点，临界时间内为非稳态区，超过临界时间，储层处于"稳定"阶段，流动属于稳态流或拟稳态流。

临界时间定义如下：

$$t_c = \frac{r_e^2}{4\eta}$$

$$(2.84)$$

式中　r_e——储层泄流半径，ft；
　　　η——扩散系数。
其中

$$\eta = \frac{6.33K}{\phi\mu c} \tag{2.85}$$

式中　K——地层渗透率，D；
　　　ϕ——地层孔隙度；
　　　μ——流体黏度，cP；
　　　c——压缩系数，psi^{-1}。
　　对于非稳态流，压力分布方程为

$$p = p_i + \frac{q\mu}{14.16Kh}E_i\left(-\frac{r^2}{4\eta t}\right) \tag{2.86}$$

式中　$E_i - \dfrac{r^2}{4\eta t}$——表示对$\left(\dfrac{r^2}{4\eta t}\right)$的幂积分；
　　　p——距离井筒中心r处的储层压力；
　　　p_i——原始地层压力；
　　　q——产量，bbl/d；
　　　K——储层渗透率，D。
　　如果任意时间大于临界时间，储层流体处于"稳定"流动的区域，在这个区域内，流体流动处于稳态或拟稳态。
　　对于稳态流

$$q = \frac{7.08Kh}{\mu}\frac{p_R - p_{wf}}{\ln\dfrac{r_e}{r_w} + s} \tag{2.87}$$

式中　q——流量，bbl/d；
　　　K——流体有效渗透率，D；
　　　h——储层厚度，m；
　　　p_R——储层压力，psi；
　　　p_{wf}——井底压力，psi；
　　　r_e——储层泄流半径，ft；
　　　r_w——井筒半径，ft；
　　　s——总表皮系数（评价伤害程度）。
　　气藏稳态流量：

$$q_{sc} = \frac{703K_g h(p_R^2 - p_{wf}^2)}{T_m Z_m \mu_g\left(\ln\dfrac{r_e}{r_w} + s\right)} \tag{2.88}$$

式中 q_{sc}——气藏稳态流量，ft^3/d；

K_g——气体有效渗透率，D；

T_m——平均储层温度，°R；

Z_m——$T_m \cdot \dfrac{p_R + p_{wf}}{2}$条件下的平均气体偏差因子；

μ_g——平均气体黏度；

s——总表皮系数。

$$s = s_d + s_p + s_{pp} + s_c + s_s + s_g + s_\theta \cdots\cdots \tag{2.89}$$

式中 s_d——侵入表皮或机械表皮系数；

s_p——射孔表皮系数；

s_{pp}——局部渗透表皮系数；

s_c——炮眼周围挤压表皮系数；

s_s——有效应力改变引起的表皮系数；

s_g——砾石充填表皮系数；

s_θ——受井斜角影响的表皮系数。

其中

$$s_d = \frac{K - K_d}{K_d} \ln \frac{r_d}{r_w} \tag{2.90}$$

式中 K_d——伤害渗透率；

r_d——伤害深度；

K——地层原始渗透率；

r_w——井眼半径。

对于拟稳态流

液体：

$$q = \frac{7.08Kh}{\mu} \left(\frac{p_R - p_{wf}}{\ln \dfrac{r_e}{r_w} - 0.5 + S} \right) \tag{2.91}$$

拟稳态气藏：

$$q_{sc} = \frac{703K_g h}{T_m Z_m \mu_g} \frac{(p_R^2 - p_{wf}^2)}{\left(\ln \dfrac{r_e}{r_w} - 0.5 + S \right)} \tag{2.92}$$

2.7.4 平均体积压力

当一个储层被数口井同时开采且每口井都属于拟稳态流动时，那么每口井都在封闭边界内流动。在储层的每一个点，压力的下降速度相等，因此，储层平均压力可表示为：

$$\bar{p}_{res} = \frac{\sum\limits_i \bar{p}_i V_i}{\sum\limits_i V_i} = \frac{\int_{r_w}^{r_e} p\,dV}{\int_{r_w}^{r_e} dV}\,dv = 2\pi rh\phi dr \tag{2.93}$$

式中　$\bar{p}$——平均储层压力。

因此，此时对于非稳态：

$$q = \frac{7.08Kh}{\mu}\left(\frac{\bar{p} - p_{wf}}{\ln\dfrac{r_e}{r_w} - \dfrac{3}{4} + S}\right) \tag{2.94}$$

而稳态时，流动方程可表示为

$$q = \frac{7.08Kh}{\mu}\left(\frac{\bar{p} - p_{wf}}{\ln\dfrac{r_e}{r_w} - \dfrac{1}{2} + S}\right) \tag{2.95}$$

2.7.5　井动态评价

一般情况下，层流条件下应用达西方程得到如下结果。

对于径向流，其稳态流动为：

$$q_s = \frac{7.08Kh}{B\mu}\frac{\Delta p}{\ln\dfrac{r_e}{r_w}} \tag{2.96}$$

其中

$$B = \frac{q}{q_s} \tag{2.97}$$

式中　q_s——产量，bbl/d。

不可压缩流体拟稳态流动：

当 $\Delta p = p_R - p_{wf}$

$$q_s = \frac{7.08Kh}{B\mu}\left(\frac{\Delta p}{\ln\dfrac{r_e}{r_w} - \dfrac{1}{2}}\right) \tag{2.98}$$

当 $\Delta p = \bar{p} - p_{wf}$

$$q_s = \frac{7.08Kh}{B\mu}\left(\frac{\Delta p}{\ln\dfrac{r_e}{r_w} - \dfrac{3}{4}}\right) \tag{2.99}$$

对于这样的系统，可从三个不同的方面测量生产动态：

（1）井流入动态——储层到井筒的流动；

（2）垂直举升动态——井筒到地面的流动；

（3）油嘴动态——通过流量控制系统，以减少流动压力。

2.7.5.1　井流入动态

井的生产或注入速率与井底流动压力相关，即井底流入动态关系曲线（IPR），在2.6.4节中已进行过讨论。对于两相流，有多种预测原油生产速率的方法，典型的一种是沃格尔（Vogel）法：

$$\frac{q_o}{q_{omax}} = 1 - 0.2\frac{p_{wf}}{p_R} - 0.8\left(\frac{p_{wf}}{p_R}\right)^2 \qquad (2.100)$$

尽管只用于预测原油生产速率，但 Vogel 法对于预测游离气存在时的原油生产速率也特别适用。

$$q_{omax} = \frac{AOFP}{1.8} \qquad (2.101)$$

式中　AOFP——单相原油流动时的绝对无阻流量。

对于欠饱和油藏，且 $p_R > p_b$，Vogel 法变为

$$q_o = q_b + (q_{omax} - q_b)\left[1 - 0.2\frac{p_{wf}}{p_b} - 0.8\left(\frac{p_{wf}}{p_b}\right)^2\right] \qquad (2.102)$$

另一种较常用的是 Fetkovitc 法：

$$q_o = C(\bar{p_R^2} - p_{wf}^2)^n \qquad (2.103)$$

式中　C——流动系数；

　　　n——与井特征有关的指数。

2.7.5.2　生产指数

以生产指数表示井流入动态，生产指数（PI 或 J）是储层到井底流动情况的度量，表征地面生产速率和压力降之间的关系，其数学式如下：

$$PI = J = \frac{q_s}{p_R - p_{wf}} \qquad (2.104)$$

对于不可压缩流体稳态流：

$$PI = \frac{q_s}{p_e - p_{wf}} = \mu B \frac{7.08Kh}{\left(\ln\dfrac{r_e}{r_w} + S\right)} \qquad (2.105)$$

式中　K——渗透率，D。

拟稳态流：

平均压力

$$PI = \frac{q_s}{\bar{p} - p_{wf}} = \frac{7.08Kh}{\mu B\left(\ln\dfrac{r_e}{r_w} - \dfrac{3}{4} + S\right)} \qquad (2.106)$$

标准压力

$$PI = \frac{q_s}{\bar{p_e} - p_{wf}} = \frac{7.08Kh}{\mu B\left(\ln\dfrac{r_e}{r_w} - \dfrac{1}{2} + S\right)} \qquad (2.107)$$

对于气井：

$$PI = \frac{q_s}{p_e^2 - p_{wf}^2} = \frac{703Kh}{T(\mu Z)_{ave}\left(\ln\dfrac{r_e}{r_w} + S\right)} \tag{2.108}$$

上述方程不考虑由于完井等带来的储层伤害的影响。地层伤害用于衡量产量降低的大小，用表皮系数表示。

地层伤害的来源包括：

（1）近井筒地带钻井液完井液入侵带来的伤害 S_d；

（2）射孔带来的伤害 S_p；

（3）局部完井带来的伤害 S_{pp}；

（4）炮眼周围挤压带来的伤害 S_c；

（5）非均质性带来的伤害 S_d；

（6）井斜角带来的伤害 S_θ；

（7）应力带来的伤害 S_s；

则总表皮系数 s_T 为

$$S_T = S_d + S_p + S_{pp} + S_c + \cdots\cdots \tag{2.109}$$

以上这些伤害引起了净流动井底压力的变化，如图 2.20 所示。

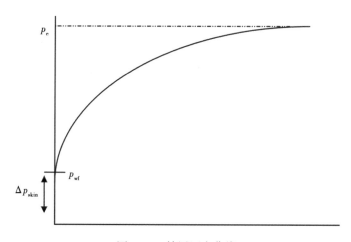

图 2.20　储层压力曲线

$$p_{wfactual} < p_{wfideal} \tag{2.110}$$

$$p_{wfideal} = p_{wfactual} + \Delta p_{skin} \tag{2.111}$$

$$S = \frac{7.08Kh}{q\mu}\Delta p_{skin} \tag{2.112}$$

式中　$p_{wfactual}$——某点实际压力；

$p_{wfideal}$——某点理论压力；

Δp_{skin}——由表皮效应引起的压差；

S——表皮系数；

K——渗透率；

h——地层厚度；

q——流体流量；

μ——流体黏度。

对于近井地带钻井液侵入：

$$S_d = \frac{K - K_d}{K_d} \ln \frac{r_d}{r_w} \tag{2.113}$$

式中　K_d——伤害区渗透率；

K——地层原始渗透率；

r_d——侵入带半径；

r_w——井眼半径。

因此

$$流动效率(FE) = \frac{J_{actual}}{J_{ideal}}$$

式中　J_{actual}——实际生产指数；

J_{ideal}——理想生产指数。

当 $s = 0$ 时

$$J_{ideal} = J$$

通常而言，流动效率小于1，损害系数 = 1/FE。

在进行增产作业时考虑生产比（PR）或增产倍数（FOI），PR 或 FOI 等于 $\frac{J_{after}}{J_{before}}$。

改造后

$$J = J_{afetr}$$

改造前

$$J = J_{before}$$

FOI 通常大于1。

2.8　水平井中的生产

有很多方法可分析水平井中的产能，主要取决于所讨论的储层，是各向同性还是向异性，经典的方法有 Borisov 法、Babu and Odeh 法、Giger 法以及 Joshi/Economidies 法等。

以 Joshi/Economidies 法为例：

$$q_s = \frac{7.08 K_H h (p_R - p_{wf})}{B\mu \left[\ln \frac{a + \sqrt{a^2 - \left(\frac{L}{2}\right)^2}}{\frac{L}{2}} + \frac{I_{ani} h}{L} \frac{I_{ani} h}{r_w (I_{ani} + 1)} \right]} \tag{2.114}$$

$$I_{ani} = \sqrt{\frac{K_H}{K_V}} \tag{2.115}$$

$$a = \frac{L}{2}\left[0.5 + \sqrt{0.25 + \left(\frac{r_{eH}}{L/2}\right)^4}\right]^{0.5} \tag{2.116}$$

式中 r_{eH}——假定圆形泄流区域的等效半径。

Renard & Dupuy 提出受伤害水平井 PI 方程：

$$PH_1 = \frac{7.08 K_H h/(\mu_o B_o)}{\cosh^{-1}X + \dfrac{\beta h}{L}\ln[h/(2\pi r'_w)] + s_h} \tag{2.117}$$

其中

$$X = 2a/L \tag{2.118}$$

式中 r_w'——有效井眼半径。

$$s_h = \frac{\beta h}{L}\left(\frac{K}{K_d} - 1\right)\ln\frac{r_d}{r_w} = \frac{\beta h}{L}s_v \tag{2.119}$$

式中 s_v——直井损伤系数。

2.9 节点分析

节点分析是石油工业中一种对储层流动与井筒流动进行同步分析的强大工具。回顾图 2.1 所示的复合生产系统，在一定的井口压力 p_{TH} 条件下，不同的油管组合，可计算井底流压得到一系列的生产速率。结合油管动态与 IPR 曲线，可以得到在一定的井底流压下不同尺寸油管的供液能力。

2.9.1 建立 IPR 曲线

节点分析曲线如图 2.21 所示。

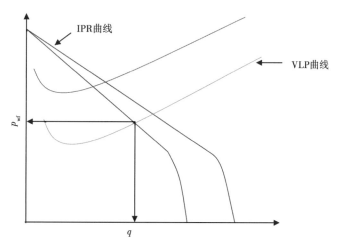

图 2.21 节点分析曲线

为简单起见，推荐使用 Vogel 法：

$$\frac{q_o}{q_{omax}} = 1 - 0.2\frac{p_{wf}}{p_R} - 0.8\left(\frac{p_{wf}}{p_R}\right)^2 \tag{2.120}$$

$$q_{omax} = \frac{AOFP}{1.8} \tag{2.121}$$

对于欠饱和油藏，且 $p_R > p_b$：

$$q_o = q_b(q_{omax} - q_b)\left[1 - 0.2\frac{p_{wf}}{p_b} - 0.8\left(\frac{p_{wf}}{p_b}\right)^2\right] \tag{2.122}$$

式中 q_o——产量，bl/d；

$\quad\quad p_{wf}$——井底流压，psi；

$\quad\quad p_b$——泡点压力，psi。

2.9.2 油管动态相关式

$$p_{wf} - p_{TH} = \Delta p_{HYD} + \Delta p_{KE} + \Delta p_{FRIC} \tag{2.123}$$

其中

$$\Delta p_{KE} = \frac{\rho v_H^2}{2}\left[\left(\frac{A_T}{A_H}\right)^2 - 1\right] \tag{2.124}$$

式中 p_{wf}——井底流压；

$\quad\quad p_{TH}$——井口回压；

$\quad\quad \Delta p_{HYD}$——液柱压力；

$\quad\quad \Delta p_{KE}$——动能损失；

$\quad\quad \Delta p_{FRIC}$——油管内由于摩擦造成压力的损失；

$\quad\quad v_H$——缩径处流体的流速；

$\quad\quad A_T$——油管截面积；

$\quad\quad A_H$——缩径处的截面积。

2.9.3 摩阻

摩阻分析：

$$\Delta p = \frac{f_{MR}L\rho v^2}{25.8d} \tag{2.125}$$

式中 Δp——摩阻 psi；

$\quad\quad f_{MR}$——摩擦系数；

$\quad\quad L$——油管长度，ft；

$\quad\quad v$——油管内平均流速，ft/s；

$\quad\quad d$——油管内径，in；

$\quad\quad \rho$——流体密度，lb/gal。

2.10 流动保障管理

石油行业不断寻求先进的工艺技术，以提高老油田和边际油田的产量和采收率，而超过50%的可采储量仍未开采。现石油行业仍积极探索新的领域，如超深水环境和北极地区。深水环境（2000~3000m），包括西非次区域的几内亚湾、南美洲的坎波斯盆地以及北极地区，成为石油天然气田开发的新热点。这些深水环境的特点是海况环境恶劣、温度和地质特征复杂，例如高温高压、孔隙压力与破裂压力之间窗口很窄。因而带来的一系列挑战，导致常规过平衡钻井很困难，浅部疏松砂岩油藏大量出砂，岩性多变等。

老油田、边际油田、深水和超深水环境油田、北极地区等油田开采的经济可行性决定了开采此类油气田钻井数量要最少。为实现这一目标，工程师们正在挑战更长的水平井、大位移井、多分支井及长海底回接管线。这样做除了可以最大限度减少与流体生产相关的问题外，还可以减少油气田开发成本。

油公司的主要挑战是最大限度地提高单井产能，降低运营成本和非生产时间，确保流体在整个生产系统内（储层、井筒、海底回接管线、地面处理设备）的顺畅流动。

随着新的勘探领域越来越深，许多油公司的作业水深超过3000m。尤其在墨西哥湾深水区、几内亚湾和坎波斯盆地，这些区域往往远离现有的基础设施。在上述环境中，其储层更为复杂，主要以高温高压未胶结疏松砂岩层为主。当水深超过2000m时，建立海底生产系统是不可避免的，使用长距离的水下回接管汇连接到现有的基础设施也是比较经济的一种做法。250km以及更长的回接管汇正用于或计划用于更深的深水领域。海底系统作为多相流处理系统，可以进行相分离和处理段塞等固有的难题。工程师们还需要挑战高温高压下的窄密度窗口限制以开钻更加复杂的井，突破深水环境中的一些限制，其中所面临的挑战是如何最大限度地提高油气田产能以及保障流动。

由生产带来的流动保障问题主要包括：

（1）结垢和水合物的形成与管理；

（2）沥青和石蜡的形成与管理；

（3）乳状液堵塞；

（4）段塞、相分离；

（5）冲蚀和腐蚀管理；

（6）出砂管理；

（7）多相环境下砂粒的运移。

在一些老井、老油田，特别是海底处理系统，由于多相（气、水、油、固体）同时存在，可能出现固相沉积，水合物成核，结垢，严重段塞以及由于温度压力的变化，热量的转移和管汇的冷却等问题引起的瞬态多相流流型流态改变等问题。

例如，流体从单井产出后，沿着海底管汇到达海岸，这期间存在着压力的降低、流体体积的膨胀、由于热交换造成的温度快速降低、气体内的吸附水凝结，这些都会导致管线内地层水、冷凝水、气、凝析油、固体（产生的砂以及杂物等）和化学抑制剂等复杂多相流体组分的形成。

与这些问题有关的关键问题包括以下四个方面。

（1）流体沿回接管线流动存在着急速、连续的温度、压力、组分等变化，对这些变化需要进行监测。

（2）水合物是在一定的压力—温度窗口内形成的，管线中气体和游离水的同时存在可能会导致水合物的形成，需要采取水合物防治措施管理。较常用的办法是加入水合物抑制剂，例如单乙二醇（MEG），其相对分子质量和其他组分是不同的。

（3）一些不溶于水的无机盐类矿物质会形成水垢，可根据水垢形成包络线分析。同样地，也会有沥青或蜡的沉积。

（4）井中产出的固体或者水合物晶体、水垢等在运移过程中可能会发生沉降，造成管线堵塞并且可能冲蚀油嘴等。海底管线中砂或其他固相的存在会造成严重的问题，例如流体流动空间减小。此外，出砂会堵塞或冲蚀管线、管线配件、阀门等，还会带来一些其他的潜在影响，包括额外压降的产生、产能损失以及其余隐患。

2.10.1　结垢管理

结垢通常指在金属表面形成并且黏附到表面上的沉淀物。石油生产系统中产生的矿物垢含有无机盐，如钙、锶、钡的硫酸盐和碳酸盐，其他常见成分是铁氧化物、氢氧化物、硫化铁和蒸发盐。蜡和沥青材料通常夹杂在沉积物中并且可以粘合易碎的固体；而残渣则是一些松散材料的聚集，如碎片、砂、蜡以及腐蚀物。残渣沉积一般位于流速低的区域如弯头处、低点处及储罐内。

在储层或油气生产设备内出现结垢和残渣是一个常见的也是具有潜在危害的问题。油管内结垢会降低流体流动的横截面积，增加管壁粗糙程度。而在储层内结垢，将导致一些孔喉被堵塞，使流体流动受到限制。热传导装置结垢会影响热传递性能，导致效率降低。而钢材表面结垢会带来一些"优势"，即由于薄的矿物垢层存在，腐蚀性会相应降低。但是垢层之下如果存有污浊的矿化水，可能会腐蚀管线。

2.10.1.1　矿物结垢的形成和预测

油田地层中的盐水含有高浓度的溶解盐和气体，在储层内存在一定的平衡。但是这种平衡一旦被打破，矿物沉淀就会出现。结垢是分阶段形成的，从无机盐到形成坚硬、固结的垢，一般要满足三个条件：

（1）矿化水中与结垢有关的矿物成分已经过饱和；

（2）有适当的成核点，以便于晶体增长；

（3）足够的接触时间，以便于沉积的增长。

下面分别介绍不同类型的常见垢。

（1）碳酸钙。

在所有制造行业相关的水处理过程中经常会出现碳酸钙垢、石灰垢及一些硬质垢，往往是透明或半透明的晶体，由于杂质存在会呈现出其他颜色，例如由于铁的存在会呈现出橙—红色。多数情况下，碳酸钙垢为高度结晶的沉淀，遇酸反应，有大量 CO_2 生成，从而产生强烈气泡（这也是检查可溶性钙的明智做法）。油田中结垢的表面可能与酸反应很少或不反应，这是因为酸不能润湿矿物的表面。

碳酸钙在水中溶解度非常低，在 1 个标准大气压、20℃下，CO_2 的溶解度低于 1g/L。溶解度大小受 CO_2 分压、温度、其他盐分的浓度等因素影响。过饱和溶液中温度升高或压力降低都会引发沉淀或结垢。碳酸钙往往是最常见结垢类型，也是油田地层盐水的特点，在产水初期最常见。在压降比较明显的区域，碳酸钙结垢最为严重，例如产层、油嘴等区域。在溶液中，钙离子和碳酸氢根离子（未成碳酸盐）与溶解的 CO_2 和溶解的碳酸钙保持平衡。

$$Ca(HCO_3)_2 \longrightarrow H_2O+CO_2+CaCO_3$$

（溶液中）　　　　　　　（垢）

为了预测形成结垢的矿物组分在什么条件下开始沉淀，有必要知晓盐水中的矿物如何随盐水组分及温度和压力的变化而变化。

（2）钡和锶的硫酸盐。

钡和锶的硫酸盐形成一般是两种盐水混合的结果：一种盐水富含硫酸根离子，另一种盐水富含碱土金属离子。当这种情况发生时，硫酸盐的溶解度会超过其饱和度，该过程即钡和锶的硫酸盐的形成过程：

$$Ba^{2+} \quad + \quad SO_4^{2-} \longrightarrow BaSO_4\downarrow \text{（固体）}$$

（A 溶液）（B 溶液）　　（垢）

$$Sr^{2+} \quad + \quad SO_4^{2-} \longrightarrow SrSO_4\downarrow \text{（固体）}$$

（A 溶液）（B 溶液）　　（垢）

钡和锶的硫酸盐结垢是典型的结晶类型，但是其不透明，晶体尺寸通常小于碳酸钙。如果其中存在铁等矿物质，颜色可能变为深褐色或红色。生成的硫酸盐不与酸反应。由于钡和锶在晶格中容易互换，因此沉淀中经常同时包含两者。在蒸馏水中，25℃条件下硫酸钡的溶解度大约为 0.002g/L，比硫酸锶溶解度小两个等级，同样也明显小于碳酸钙的溶解度。注入地层的流体与地层水发生反应，是造成沉淀的主要原因。表 2.2 为北海地区地层水和海水中典型的离子类型分析。

表 2.2　北海地区地层水和海水中典型的离子类型分析

地层水，mg/L	离子，mg/L	海水，mg/L
29370	Na^+	11020
370	K^+	450
500	Mg^{2+}	1400
2808	Ca^{2+}	420
575	Sr^{2+}	6
252	Ba^{2+}	0
0	SO_4^{2-}	2750
490	HCO_3^-	140
52350	Cl^-	19700

当地层水与海水混合之后，几乎所有的钡离子和相当一部分锶离子都会以硫酸盐沉淀的形式被除去。随着离子浓度的增加，钡和锶的硫酸盐溶解度也将会达到一个最大值。硫酸盐垢的形成受温度压力影响较小，表 2.3 和表 2.4 给出了钡和锶的硫酸盐在不同温度和 NaCl 含量下硫酸钡的溶解度对比。

表 2.3　不同温度和不同 NaCl 含量下硫酸钡的溶解度变化

NaCl 含量, %	溶解度, mg/L		
	25℃	50℃	80℃
0	2~3	3~4	4~5
1	12	15	20
3	17	24	30
10	28	37	55

表 2.4　不同温度和 NaCl 含量下硫酸锶的溶解度变化

NaCl 含量, %	溶解度, mg/L	
	25℃	95℃
0	132	113
10	630	691

有关溶解度的一些数据是预测模型的基础。由于钡和锶的硫酸盐沉淀受温度压力影响不是很强烈，因此通常认为预测模型更加可靠。模型输出通常表示为矿物的饱和指数和两种水组分含量的函数，如图 2.22。为两种类型的计算结果。

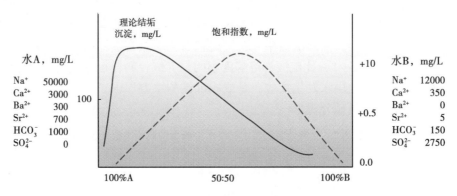

图 2.22　结垢预测输出数据

（3）硫酸钙。

石膏（$CaSO_4 \cdot 2H_2O$）是不同产区的不相溶的盐水混合之后的产物，在英国北海地区的结垢中比较少见，同时温度和压力的剧烈波动也会导致硫酸钙的形成。硫酸钙的水溶解度高于钡或锶的硫酸盐的水溶解度。完井液或修井液中氯化钙的意外损失也可能会导致硫酸钙沉淀的形成。温度高于40℃时，石膏的溶解度随着温度升高而降低，镁离子对其溶解度影响显著。理论上，20℃时硫酸钙在蒸馏水中的溶解度为 2g/L，可能会出现其他形式的硫酸钙垢，更先进的预测模型能够提供这些数据。值得一提的是，模型的好坏取决于使用数据的质量。

（4）铁锈。

腐蚀物（如铁氧化物、氢氧化物）的积累会产生铁锈，可溶性铁与周围环境的作用也会产生铁锈。地层水通常含有 1~10mg/L 的可溶性铁，偶尔高达 60mg/L。当含有 H_2S 的流体接触碳钢时，会生成铁的硫酸盐沉淀。在亚铁离子转化为更为难溶的氢氧化铁和三硫化二铁过程中，细菌类会发挥一定作用，致使氢氧化铁和三硫化二铁会形成胶状沉淀，并迅速堵塞地层孔隙。铁锈在外观上有很大的不同，但一般都是呈现深色，含有三价铁离子的水呈褐红色，而含亚铁离子的水呈现黑色。

（5）硅结垢。

油田的地层水含有少量的二氧化硅（一般含量小于 25mg/L），热井、深水井可能稍高，因此由二氧化硅引起的油田管线堵塞问题还是较少的。在高压锅炉或热交换器内有大量的蒸汽蒸发时，会有硅沉淀的产生，因此地热井的硅结垢问题比较严重。一旦硅结垢，垢就非常坚硬，难以抑制、清除。

2.10.1.2　分层结垢

油管或分离器内除垢时通常会发现垢是分层的，每层垢代表了结垢沉积的顺序周期，层之间的矿物组成可能不同。深色条带通常是由于垢含有铁或蜡沉积。

2.10.1.3　结垢预防

结垢预防包括 3 方面：

（1）允许结垢并定期清除，方法为机械除垢和化学除垢剂。

（2）地层水预处理，除去一些溶解性的或悬浮固体物，方法为离子交换树脂软化、反渗透和纳米过滤。

（3）防止可溶性固体沉降，方法为加入防垢剂、阻垢分散剂、使用磁装置和电子装置。

如果下列条件具备，可只考虑定期除垢：

（1）结垢中富含碳酸盐，可溶于酸；

（2）结垢缓慢且可预测；

（3）停工不会造成很大的经济损失。

预防结垢比除垢更能节约成本，除垢将在后续章节具体讨论。除去溶液中某一种或两种可形成结垢的离子，避免结垢条件的形成。反渗透可以除去所有有机物和高达 99% 的离子，但对于离子浓度较高的盐水并不可行；与反渗透类似，纳米过滤只除去二价离子和三价离子。某些膜可以去除超过 95% 的硫酸根离子，因此可以将海水中的硫酸根浓度由 2700mg/L 降到 80mg/L，这样就可以将海水注入含有钡盐水的地层中。该方法虽然有效但是价格昂贵。

更加常见的处理方法是化学防垢。使用抑制剂，其价格低且高效，无论是储层中、油管内、顶部处理设备或是注水时，并均可应用到整个油气生产系统。

2.10.1.4　阻垢过程

防垢剂大致分为门限抑制剂（晶体生长改性剂、成核抑制剂）、分散剂和络合剂。阻垢剂通过干扰成核或限制晶体生长发挥作用。成核抑制剂必须能够迅速扩散，且必须足够大才能破坏地层离子的集群。因此，其扩散速率和体积大小之间要保持一定的平衡。晶体生长发生于晶体上的活性部位，所以良好的晶体生长抑制剂对于这些活性点应具有良好的亲和力，并且能够扩散到晶面上的其他部位。在晶体表面，抑制剂分子比同等摩尔质量的溶液中的分子更受青睐，特别是该抑制剂具有许多潜在的键合基团时。由于晶面上的活性部位仅仅占晶面很小的比例,因此抑制剂在很低的剂量下就能发挥作用。大多数抑制剂产品具有抑制成核和限制晶体生长双重功效。阻垢剂可以具体针对某一种矿物,为了高效发挥作用,阻垢剂分子内原子之间的距离应当与晶面上的原子匹配。

如图2.23所示表面活性分子如何通过阴离子和阳离子对己二酸的可逆吸附来改变晶体的生长。

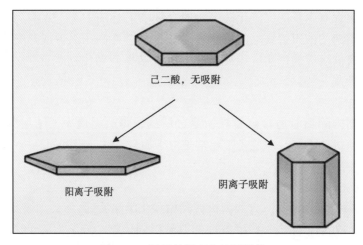

图2.23　通过晶相变化抑制晶体

通过抑制剂的干扰,矿物结垢的增长速度大大降低。由于吸附是可逆的,极少量的结垢仍然存在,因此需要一个最低抑制剂浓度,通常为2~20mg/L,专业上称为"门限抑制剂浓度"。一般而言,抑制剂的性能在达到某一浓度值后突然增加,该值即为门限浓度或最小抑制剂浓度(MIC)。如图2.24所示为典型的抑制剂浓度与其效果的曲线。聚羧酸盐和磷酸盐是常见的门限抑制剂,其通过改变晶体生长或降低成核速率发挥作用(两者都是动力学效应)。这两类门限抑制剂在油田生产系统中使用广泛,一般为含磷化合物,例如磷酸盐、磷酸酯和聚羧酸盐。

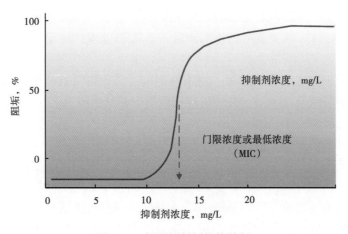

图2.24　门限抑制剂性能特征

2.10.1.5　阻垢剂分类

（1）磷酸盐抑制剂。

偏磷酸盐，包括六偏磷酸钠和多磷酸盐，都是针对抑制碳酸钙和硫酸钙结垢是非常有效，且属于价格最低的阻垢剂。该类抑制剂商业用量最多，且应用在许多工业水的处理中。它们在油田注水作业中的应用可以追溯到 1940 年，但现在已不常见。这是由于二聚偏磷酸盐的热稳定性很差，最大耐温约 70℃，其应用受到了限制。

含磷酸盐抑制剂主要通过干扰成核而起抑制作用。有机磷酸酯（如羟胺磷酸脂型）相比多磷酸盐稍加稳定，但是仍对于高温和低 pH 比较敏感，因而难以大规模推广应用。它们能够有限预防碳酸钙和硫酸钙的形成，并具有良好的盐水相容性，但是在油田应用依然有限。三乙醇胺磷酸酯在 pH 为 7 及以上时，能够预防硫酸钡结垢。氨基乙烯膦酸盐（AMP 及同系物）热稳定性更高，因此比其他含磷类的抑制剂在油田应用更广泛，其耐温高达 120℃。

所有商品化的磷酸盐都可以抑制碳酸钙结垢，DETA（二乙基烯胺氨基苯二甲酸酯）磷酸盐对于抑制碳酸盐、钡和锶的硫酸盐结垢有效，且可以应用于"挤注"，挤注性能优于其他磷酸盐类。该产品已在北海地区广泛应用。

HEDP（羟基二乙二烯磷酸）是基于非胺磷酸盐抑制剂，在上部氯离子含量较低时使用具有一定的优势。其对碳酸钙结垢抑制能力强，与盐水相溶性高，对铁离子具有良好的螯合性以及较强的热稳定性。然而，其对硫酸钡结垢不起抑制作用。

（2）多羧酸盐抑制剂。

使用有机聚合物作为结垢抑制剂已经有了很长的历史，早期的专利文献中建议使用天然产品，例如淀粉、树胶、木质素、丹宁酸甚至马铃薯提取物。商业产品都是基于聚丙烯酸脂、聚马来酸等各种共聚物和三元共聚物，生产结垢抑制剂这些被归类为分散剂。

一些聚合物抑制剂，特别是一些基于丙烯酰脂的高分子产品，对可溶钙比较敏感。当抑制剂达到一定浓度时，就会沉淀形成钙盐。因此用户应该根据不同 pH、温度、抑制剂含量及钙离子浓度下的溶解度"相图"来描述抑制剂沉淀的可能性，这在储层抑制剂挤注设计时是十分必要的。一般而言，如果主要问题是硫酸盐结垢，特别是当温度相对较高时，优先使用聚合物抑制。这类抑制剂的一个主要优点是热稳定性好，适合于深井，通常比含磷类型的抑制剂腐蚀性低。

聚丙烯酸脂和共聚物在多个油区已被广泛应用于挤注作业，且可以长期保持良好性能与热稳定性。聚天冬氨酸已被用作结垢和腐蚀抑制剂，与其他抑制剂不同，其是完全可生物降解的。

（3）油溶性阻垢剂。

油溶性阻垢剂于 1999 年推出，主要用于不希望向井中注入大量水的情况，或希望在完井后不久和首次采油之前就挤注的情况（防早期结垢）。其抑制剂分子与水相是分离的。

（4）固体抑制剂。

如果抑制剂是固体形式，那么就可以缓慢释放。当其被置放于结垢环境下时，固体就可以释放活性抑制剂溶入水相中。

20 世纪 90 年代中期，研究人员研发了两种相关产品应用于油田。第一种是将活性阻垢剂（如磷酸盐）封装在具有封闭孔结构的缓溶聚合物基质内。该"胶囊"具有足够大的密度，确保其密度高于绝大多数盐水，直径为2~3mm，可在水中悬浮并泵送至井底，可正常放置于井底口袋处。另一种工艺为使用浸渍了阻垢剂的陶瓷珠。

2.10.1.6 阻垢剂评价

特定应用中的阻垢剂适应性可通过室内实验进行评价。定期性能测定包括静态烧杯试验和动态管阻试验。

静态烧杯测试主要测量阻垢剂阻止特定矿物盐沉淀的能力，这是评价筛选阻垢剂性能的重要的测试。

与静态烧杯测试不同，动态管阻测试主要测量动态条件下毛细管中的水垢沉积，该测试同样适用于碳酸盐和硫酸盐结垢的评价。对于筛选碳酸钙抑制剂，本方法比烧杯测试更加可靠。

（1）盐水相溶性。

连续应用于井口的结垢抑制剂应该能够与其所接触的各类产出盐水配伍，可以通过试验进行测定。添加不同浓度的结垢抑制剂进行模拟，一旦产生浑浊或沉淀，例如钙盐抑制剂，就表示已失效。

结垢抑制剂的配伍性依赖于pH值及温度条件，化工企业正是利用此性质设计抑制剂，使其能够在储层形成一定的沉淀，即"沉淀挤注"。

（2）与其他阻垢材料和化学制品的配伍性。

在要求的使用浓度范围内使用聚羧酸盐或磷酸盐抑制剂发生腐蚀的风险一般都是最小的。由于酸性磷酸盐会含有高浓度氯离子，因此在储存和运输过程中必须格外注意，以减少其对管泵等的腐蚀。除非抑制剂被配制在乙二醇衍生物或醇溶剂中，才不会存在与弹性体或塑料接触的相溶性问题。阻垢剂是阴离子，而防腐剂是阳离子，如果盐水中同时出现两种一定量的抑制剂，可能会出现配伍性问题、例如，磷酸盐就与一些杀菌剂不配伍。

（3）储层配伍性。

岩心驱替试验可以测定抑制剂是否会对储层岩石造成伤害，同时可用于评价吸附行为特征。选择具有代表性的岩心段和储层物质已是十分熟练的操作。为评估储层配伍性，将不同的溶液在加压容器内泵入岩心，测试各自的相对渗透率。收集驱替后的液样，分析抑制剂含量，可以对吸附和解吸过程进行判断。测试数据用于对比两种不同的抑制剂或抑制剂处理剂。

（4）热稳定性。

热稳定性有两个重要的概念，即贮存中的热稳定性和使用中的热稳定性。储存在温暖区域过久可能会导致降解等，而储层于0℃以下的寒冷气候中会导致产品变的太稠而不能泵入，甚至被冻结。此外，长期存放在低温下会导致相态分离。

（5）环境影响。

虽然同其他表面活性剂一起时不易生物降解，但通常阻垢剂长期使用不会对环境产生显著影响，且毒性较低。但是抑制剂是水溶性的，因此其将随着工艺用水一同排放。如果这种排放物进入海洋，就会发生非常迅速地扩散。

2.10.1.7 阻垢剂应用

阻垢剂应用应考虑管线和挤注作业中的连续应用。

（1）连续应用。

通过烧杯实验和管阻实验，可以确定适宜的阻垢剂以及最低阈值。操作上建议尽可能在存在问题的上游区域。在生产井中，通常指井口区域，使用抑制剂。而要想连续应用在井下则可通过毛细管或者气举实现，但存在维护困难和安装成本高等方面的缺点。

至关重要的是，应用阻垢剂的设备定位应准确且放置于正确的位置，以确保阻垢剂迅速扩散到流体。阻垢剂以水基配制，可确保活性成分的迅速扩散。产品应与计量泵和管线材料相匹配，并与盐水和其他井口加入产品要兼容。通常在井口还要添加破乳剂和防腐剂，理论上添加位置要隔开几米，生产管线中的添加剂量一般为 $5\sim25mg/L$。但盐水浓度较高的情况下，高达 $200mg/L$ 的剂量也是十分必要的。实际的使用剂量应略高于室内实验确定的阈值。

阻垢剂也连续地应用于注水系统，其剂量要求大大降低，一般为 $1\sim5mg/L$。通常在完成泵注预先确定的注入量之后，就会停止注入系统。

（2）井底挤注应用。

为保护井壁、射孔孔眼、井底以及油管，有必要采用另一种方法——挤注技术。挤注技术是一种常用的方法，它是将阻垢剂的浓缩段塞沿生产管柱向下注入地层，用中性盐水进行过冲，将抑制剂驱入地层，使其与井筒保持预定的距离。在浸泡一段时间后，抑制剂吸附或沉淀，油井就会恢复生产。作业成功的关键取决于抑制剂释放回到生产水中的速率，其中缓慢且平稳的返回曲线是最理想的。

（3）吸附和沉淀挤注工艺。

抑制剂通过吸附于岩石表面或由于沉淀作用保留在储层内。不管实际如何设计，几乎所有的情况下都会发生一定程度的吸附和沉淀。阻垢剂在一定浓度（5%～15%，活性）下被挤入地层，pH 值通常为 3～6，可贮存于距井筒 3m 以内的地层中 24h。油井恢复生产，阻垢剂经过数月缓慢解吸到水相。

挤注寿命是指足够的阻垢剂保护油井不结垢的时期。挤注寿命取决于抑制剂强度、注入量、与井筒的距离以及油藏特征。然而，储层岩石在一定区域内的吸附能力是有限的，单纯增加阻垢剂的用量并不能保证成功。吸附挤注的一个主要缺点是，通常 50% 的产品会不可逆转地损失到地层中，或者在近井眼没有被吸附，并在生产的最初几个小时内回流。通过沉淀一定比例的抑制剂作为一种可用于缓慢溶解回生产系统的少量可溶性盐，可以提高保留率。

氯化钙可用作沉淀剂，可以与抑制剂混合使用，也可以引入预冲洗或后冲洗溶液中。通过将缓蚀剂和氯化钙溶液以弱酸性形式泵送，可以依靠油藏中温度的升高或 pH 值的升高来诱导沉淀的生成。磷酸钙或聚羧酸钙盐具有较低的溶解性，其溶解度随温度和 pH 值的升高而降低。

（4）采出水的监测。

一旦一口井出水，则建议使用离子跟踪技术来监测结垢潜力（预测），并监测挤压处理后的性能。对产出水开展常规的 12 离子分析（阳离子和阴离子）、pH 值和阻垢剂分析将为解释井的性能提供依据。多因素分析十分有用，可有助于识别分析参数的微小扰动，并预测最佳的挤注（和二次挤注）时机。色谱技术可用来确定水垢抑制剂残留物，但不含磷的产品浓度在 5mg/L 及以下时存在较大误差。

2.10.1.8 除垢

非化学法除垢包括扩眼、刮削及水喷射。对于较厚的、坚固的沉淀物，非化学法可能是唯一可行的选择。一般情况下，如果结垢较薄，允许良好的表面接触，使用化学药剂通常是划算的。为维持正常的产液及保持泵和阀门良好的工作状态，必须进行除垢，否则会危及安全。

2.10.1.9 化学品除垢

使用化学品除垢应分阶段进行除垢设计：

（1）通过产水体积、结垢预测模型、井径分析估算结垢量，计算所需化学品的用量；

（2）脱油脂以允许矿物表面水润湿，即易与化学药品接触；

（3）进行大型除垢作业，以去除大块沉淀物；

（4）进行后处理，以降低表面受腐蚀或重新积垢的风险。

预处理（表面活性剂和脱脂剂）和后处理（清洗和钝化）并不是必需的，但是应该考虑到不使用这些添加剂的后果。

（1）脱脂剂预处理。

表面活性剂或者互溶剂，如丁基二醇醚是适宜的井下预处理液，因为它们可以取代或溶解垢表面的油类。应避免使用强带电表面活性剂，因为它们可能影响储层岩石的润湿性或引起泡沫问题。

重质油、蜡和沥青也可通过芳香族溶剂进行预处理进而被除去。细菌膜特别难以除去，但使用氧化杀菌剂或戊二醛可能有效。

用于井下的脱脂剂可以先于酸溶液泵入，或者与酸溶液一同泵入以简化整个处理过程。

（2）无机酸。

盐酸（HCl）用途广泛、价格低廉，易与碳酸钙垢反应，具有较高的溶解能力，并可产生可溶性反应产物。这种酸通常制成 5%~15% 浓度出售。盐酸与所有清洁碳酸盐矿物反应强烈，产生二氧化碳气体。

盐酸对钢有很强的腐蚀性，包括双相等高铬钢。由于其腐蚀性强，通常不建议盐酸浓度超过 15%。应添加缓蚀剂（0.05%~0.5%），将腐蚀速率降低到可接受的水平。市场上已经有商业化的盐酸缓蚀剂，其只能在 70℃ 以下发挥作用。

化学公司可以提供盐酸、互溶剂（如乙二醇醚）、缓蚀剂和表面活性剂的混合物，这些产品能够有效穿透油脂层，使酸能够接触垢沉积。

二次沉淀污染通常与使用盐酸进行井下除垢有关。盐酸溶解碳酸钙的同时也会和铁的一些混合物反应，如菱铁矿（碳酸亚铁）、黄铁矿（硫化亚铁）、磁铁矿（Fe_3O_4）和赤铁矿（Fe_2O_3）。但随着酸渗入基质及 pH 值的升高，含有铁盐的溶液易于发生再沉淀，可能会堵塞储层。

①pH 值高于 2.2 时，Fe^{3+}（溶液中）反应生成 $Fe(OH)_3$（不可溶）。

②pH 值高于 7 时，Fe^{2+}（溶液中）反应生成 $Fe(OH)_2$（不可溶）。

值得注意的是，铁的硫化物与盐酸反应会生成有毒的硫化氢气体，更多细节参见SPE[13]。

硝酸（HNO_3）可用于除去不锈钢和高镍合金表面紧黏附的氧化膜（酸洗），其很少用于油田普通除垢。硝酸对低碳钢和铜合金有很强的腐蚀性，由于它是一种强氧化剂，会产生有毒气体，所以处理起来很危险。

氨基磺酸（NH_2SO_2OH），通常被称为粉末状酸，经常被用作盐酸的替代品。尽管它更昂贵，与碳酸盐垢的反应更慢但它具有可以制作成干粉（便于运输、安全处理）、不易挥发、不易吸湿、无气味、比盐酸腐蚀性低，在储存和布置使用时不会释放酸雾等优点。磷酸（H_3PO_4）有时用于去除铁结垢，特别是对于氧化铁薄膜，磷酸是许多"家用"除锈剂的基础。它在石油工业中的应用受到与磷酸钙沉淀有关风险的限制。

（3）有机酸。

柠檬酸及其铵盐用于除锈和富铁垢较为有效，经常用于低腐蚀性环境中。在 pH 值高达 10 的环境下，其能与铁离子和亚铁离子形成稳定的络合物，因此形成铁的氢氧化物沉淀的可能性很小。通常建议在其他酸洗配方中添加柠檬酸，以提供配方除铁的性能。

甲酸（$HCOOH$）和乙酸（CH_3COOH）已经被证实作为碳酸钙沉淀的溶解剂十分有效。虽然强度不比盐酸，但是其可以用于井下处理作业，并且可以用于低腐蚀、快反应的情况中。这两种酸使用强度一般为 5%~15%，更高的强度一般不推荐使用。这是由于钙盐的溶解度有限，一旦达到，会抑制进一步的反应。相比盐酸，有机酸可用于更高的温度，但在油田中应用同样需要缓蚀剂。

（4）螯合剂和硫酸盐结垢的去除。

硫酸盐不能被无机酸或有机酸溶解。聚氨基甲酸酯，如乙二胺四乙酸（EDTA）和硝基乙酸（NTA），属于螯合剂，作为中性或碱性盐广泛应用。它们可以有效处理硫酸盐结垢，包括硫酸钡和硫酸锶。相当一部分的这种中性或碱性盐被销往油田市场。

二乙三胺五乙酸（DTPA）对处理硫酸钡特别有效，一般被用作钠盐，但是使用钾盐或铵盐溶解会提高。

（5）"转换器"。

硫酸钙（石膏）经过强碱处理，可以由硬的硫酸盐结垢"转换"为另一种形式的盐，进而更加容易被稀酸除去。氢氧化钠、氢氧化钾、碳酸钠、碳酸铵和其他一些化合物都可以被用作这种"转换器"，$CaSO_4$（固体）与 $NaCO_3$ 反应生成 $CaCO_3$（固体），$CaCO_3$ 与 HCl 反应生成可溶于水的 $CaCl_2$。该技术已经非常成熟，特别是陆上低产井。

2.10.1.10 油田结垢中的放射性

来自铀-238 衰变链的放射性物质自然存在于含有石油、天然气和水的储层中。镭-226 是其中衰变期较为长的一种，因此其能长时间存在并且保持平衡。化学上镭与钡和锶同族，因此在原生卤水中能经常被发现。镭衰变为氡，氡是一种惰性气体，可以在岩石结构中迁移。氡以下衰变链的大多数成员寿命短，通常随着油气产出。铅-210 是这一衰变链的另一个最重要的元素。

硫酸钡结垢沉淀物通常含有低浓度的硫酸镭，处理这些低比活度（LAS 或 MORM）的结垢物非常棘手。因为它们放射性足够大，可能需要参照相关安全处置的法规。机械除垢方法可能会产生有毒的放射性粉尘。

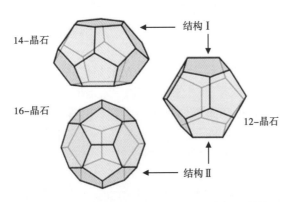

图 2.25　甲烷或乙烷与水形成的"水合物"结构

2.10.2　水合物成核及管理

高压低温条件下，一些低摩尔质量的气体，包括天然气中的一些组分，会与水反应生成结晶络合物或天然气水合物。如图 2.25 所示为这些气体的三维固体结构。

如今水合物已成为一个比较严重的问题，因为其会堵塞管线以及防喷器，造成油管套管损坏及管材、热交换器及阀门的腐蚀等。多相运输管道及其他水下生产设备特别容易产生水合物，这是因为在生产周期内，相当多的一部分时间属于低温高含水阶段。20 世纪 90 年代中期，10in 的海底立管中出现了 600m 长的水合物堵塞段（图 2.26），采用连续油管循环乙二醚进行解堵数周。需要记住的是，水合物确实能够浓缩较低的碳氢化合物，而且深水和冻土中存在大量的自然储量（$1m^3$ 水合物可以容纳近 $2000ft^3$ 的天然气）。

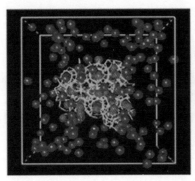
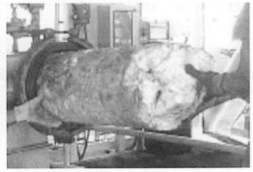

图 2.26　水合物结块

2.10.2.1　水合物生成

在温度压力的临界条件下，水和一些低分子量的烃类如甲烷、乙烷、丙烷、丁烷等会被密封在水的氢键结构内。随着封装水越来越多，水合物慢慢增大。图 2.27 所示为水和甲烷形成水合物的条件。从图中可以看出，在高压和低温条件下有利于形成水合物。

水合物的形成可以是温度下降的结果，而温度下降又可以是局部压力变化的结果，如湍流或气体膨胀。这样一来，即使处于正常温度下，固体水合物依然继续增长，最终堵塞管线。水合物的形成可以进行预测，知晓烃类组成、盐水含量及矿化度、系统的温度压力剖面，就可以计算得到水合物形成的风险，并能够绘制水合物形成区域的相图。相关的数学模型已经建立（如 HYSIM 和 PROVISION），模型中可能还包含了一些参数，例如热力学抑制剂、甲醇、乙二醇以及二甘醇、三甘醇。

盐对水合物的形成具有抑制效果，因此盐水中水合物形成的风险会降低。

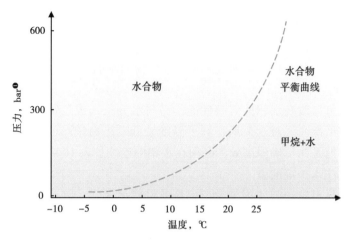

图 2.27   甲烷—水形成水合物的温压曲线

2.10.2.2   水合物抑制

通过以下方法可以阻止水合物的形成：

（1）清除某种组分，例如烃类或水；

（2）升高温度或降低压力；

（3）加入化学抑制剂。

井底分离和再注水可以除去一部分的水。三甘醇可以对气体进行干燥处理。如图 2.28 所示为使用和不使用乙二醇处理的效果对比。加入乙二醇之后，曲线向左移动，因此在较高的压力和较低的温度下没有水合物形成。

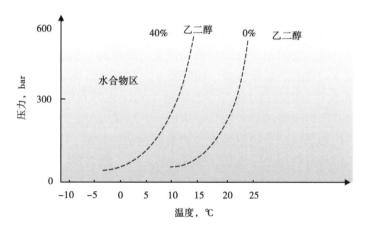

图 2.28   甲烷—水形成水合物的温压曲线（通过乙二醇处理）

将管道进行隔离或深埋，以使内部温度足够高，保证流体正常流动时不会产生水合物。可以使用化学抑制剂控制天然气水合物的形成。通常有两种不同类型的抑制剂：传统的热

---

❶   1bar＝14.505psi＝0.1MPa。

力学溶剂，（例如乙二醇和甲醇）；以及所谓的阈值类型的抑制剂，包括动力学型抑制剂和抗凝聚剂。

2.10.2.3 水合物化学抑制剂

水合物化学抑制剂分为热力学抑制剂和阈水合物抑制剂。

（1）热力学抑制剂。

醇类和二醇类可以改变水相的溶解性能，易与水分子形成氢键，从而夹带气体更加困难，结果是水合物平衡曲线被永久地移到了温度较低或压力较高的位置。甲醇和乙二醇为主要使用的产品，但是为了确保高效，必须在水相中连续加入10%~50%浓度产品，或者在关井之前作为段塞注入一定剂量。

热力学抑制剂具有良好的使用记录、容易通过管道泵送、注入点无污垢、不依赖油的组分等优点。

值得注意的是，虽然甲醇或乙二醇部分通常可回收，但如果考虑到大量部署、运输及仓储物流，使用这些产品的成本将变得非常高。两者均具毒性且甲醇高度可燃。二甘醇（TEG）和三甘醇（TEG）也被用于气体干燥，在上游中的气体中除去水无疑会降低下游水合物形成的风险，因此这些产品很多被出售给石油行业。

（2）阈水合物抑制剂（THI）。

阈水合物抑制剂的使用浓度低于热力学抑制剂，可延迟或降低水合物的形成速率。可为两种类型：

①动力学抑制剂：复杂的水/油溶性聚合物、乙烯基2-吡咯烷酮的聚合物和三元共聚物。

②抗凝聚剂：防止或延缓水合物结块的表面活性剂和四元化合物。

动力学水合物抑制剂（KHI）可延缓水合物形成，被称为动力学抑制剂，Lakvam and Ruoff 已经对其机理进行过解释。在诱导期间，其很少或者没有气体吸收到水相中。诱导期之后是水合物快速形成，类似于没有抑制剂的情况。使用连续剂量的该产品总体效果是水合物的平衡曲线偏移到较低的温度位置。研究发现，与基本为零的诱导时间相比，0.1%~1%抑制剂的剂量可使诱导期超过24h。N-乙烯基2-吡咯烷酮和甲基丙烯酸的共聚物或乙烯基吡咯烷酮和乙烯基己内酰胺的共聚物是有效的，其中的一些已实现商业化生产。有研究称吡咯烷酮环作用机理是氧原子吸附到水合物表面的活性位点，也可能是吡咯烷酮环被纳入水合物结构中，两种机制都会降低水合物晶体的生长，图2.29显示了动力学型抑制剂抑制水化作用机理。

注入点位置处的温度要等于或低于聚合物的浊点温度，否则该聚合物会在注入处发生沉淀。聚合物性质的动力学抑制剂是无害的，其中的活性成分也可用于个人护理产品。

抗凝聚剂也称结晶改良剂，可防止小的水合物晶体结块，使其处于悬浮并通过生产系统安全地输送。其存在一个较长的诱导期，期间很少或没有气体被吸收。抗凝聚剂添加剂量低（水基中小于1%）。抗聚凝剂是在含水高达30%的烃和盐水系统中使用的表面活性剂或聚合物，化学类型广泛包括烷基芳基磺酸盐、烷基多糖苷、脂肪酸烷醇酰胺、聚酯、烷基酚聚氧乙烯醚和季胺/季磷化合物。

季胺类产品受到了广泛的关注，并已投入商业应用。这类产品最大的优势是，即使在

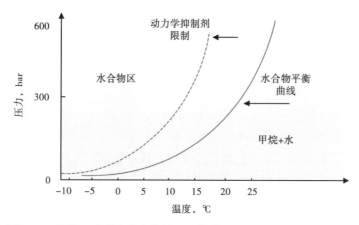

图 2.29 甲烷—水形成水合物的温压曲线（通过动力学抑制剂处理）

长时间的关井期间，它们也能保持有效。季胺类抗聚凝剂可以用醇或一些互溶溶剂，再加上水来配制。这些抑制剂属于典型的乳化剂，会在注入位置处形成局部的水、油乳液。

动力学水合物抑制剂和抗聚凝剂通常与其他添加剂一起配制，以提高性能。甲醇和其他一些低分子量的醇作为助溶剂加入，会带来一些热力学抑制剂所具有的优势。在这种情况下，阈水合物抑制剂的活性含量可以是 10%～20%。尽管与甲醇或乙二醇相比，阈水合物抑制剂的单位质量制造成本较高，但其应用剂量要低得多，因此从整体效益考虑许多情况下还是更加青睐这种新技术。

2.10.2.4 水合物抑制剂应用

管道中沉积的水合物非常难以清除。为了实现堵塞处固相的分离，需要在管道堵塞的两端进行减压，压力需要降低到固体材料会离解的程度。对于较长距离的气相管线或多相管线而言，连续注入甲醇到气相中，气相就会携带溶剂到达存在自由水的地方，甲醇进入到水相中，阻止水合物的形成。甲醇的高挥发性被认为是一个优势，因为它能沿着管线传输。甲醇或乙二醇有时会被部署到水合物区域之外的井中，这些井在关井期间存在形成水合物的条件，因此在关井之前要添加化学剂。

湿气田对于甲醇的需求量非常大。20 世纪 90 年代初，北海地区的一个平台在甲醇上花费了 300 多万美元，其他地方甲醇的花费占到了总的天然气处理费用的 5% 以上。北海地区已通过现场试验证实阈值型产品已非常成功，且与甲醇相比，费用节约很多。在西索尔气高容量湿气管线中，3000mg/L 的动力学抑制剂就足够了。该产品的活性含量为 15%，含有缓蚀剂。根据含水量，这些阈值型抑制剂的正常施用量为 1%～2%。近年来，许多动力学抑制剂的试验采用了热力学抑制剂和动力学抑制剂的组合。例如，在一条管道中，1000gal/d 的甲醇加上 1bbl 动力学抑制剂已经取代了使用 2000gal/d 的甲醇。通常这两类抑制剂会一起配制。据报道，动力学抑制剂在高含盐量的水中表现得越来越好。这是由于氯化钠也会迁移到水合物相中，从而影响水合物的形成。而在高含盐水中使用甲醇却达不到如此效果。近年来的研究表明，多相流对水合物的形成具有重要的影响。人们还认识到，蜡或沥青质成核可以使水合物形成沉淀，反之亦然。

2.10.2.5　水合物的去除

使用单乙二醇和甲醇可用于除去已经存在的水合物沉积，通常需要泵送一定的剂量到污染区，并浸泡一定的时间（注意：甲醇是蜡的沉淀剂）。阈水合物抑制剂不能溶解水合物。

2.10.3　石蜡

井产物中有一类是高分子石蜡（碳数超过18），这部分产物稳定且溶解在油藏中。然而，生产过程中的各项因素或许会改变这种平衡。

（1）温度变化。石油生产出来后流过冷水区，或在地面长生产管线中被冷却。

（2）压力降低致使溶解气逸出，从而引起冷却。

（3）轻馏分析出。由于其流动性更好，随着凝析气析出而析出。

（4）存在细粒度固体，结晶时能够充当结晶核。

（5）高含量沥青有助于形成石蜡，因为微粒可以充当成核点。在其他情况下，它们可以通过干扰结晶和絮凝过程防止结晶。

温度降低是最影响平衡的，如图2.30所示，生产系统中潜在问题区域出现在温度损失最大的地方。

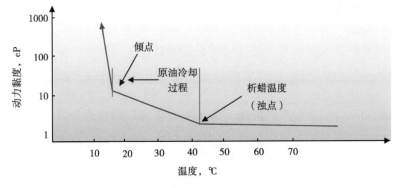

图2.30　原油黏度与温度关系图

必须记住，生产系统是非常复杂的，所以特定原油在特定的温度范围内才存在蜡析出。出现蜡析出时的温度称为"浊点"或"析蜡点"。随着晶体间开始相互作用，原油黏度就会增加（图2.30为典型的温度与黏度关系图）。较高温度下，原油黏度性质表现为牛顿流体，这意味着黏度不随剪切速率变化而变化。然而，随着第一批晶体开始析出并相互作用，原油黏度增加。当温度（压力）进一步降低到析蜡点以下时，黏度继续增加，直到原油停止流动。原油在变得非常黏的阶段称为"倾点"。

随着温度继续降低，包含水和其他有机混合物（如沥青质）的晶体将黏附在较冷的金属表面。石蜡中也可能携带原油。假定石蜡不直接与金属结合，但实际上石蜡因金属表面存在自然粗糙度而被固定。

发生蜡沉积的主要机理有两种：在溶液中，分子扩散运输蜡；固体状态，剪切分散运输蜡。如图2.31所示为蜡沉积过程。

管道表面的蜡沉积增加了管壁的表面粗糙度，导致摩擦压降和湍流增加。然而，蜡沉

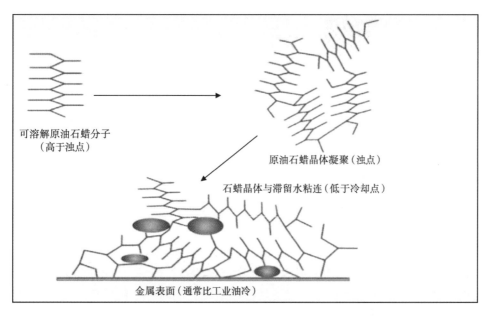

可溶解原油石蜡分子
（高于浊点）

原油石蜡晶体凝聚（浊点）

石蜡晶体与滞留水粘连（低于冷却点）

金属表面（通常比工业油冷）

图 2.31　管道结蜡过程

积起到管道隔热作用，使管道保持较高的温度，从而减少了蜡沉积。

对于管道来说，蜡沉积问题可能更严重。原油流动所需的压降可能大于泵系统的可用压力，或者压降可能超过管道强度。这个特殊的问题通常与管道关闭有关，其可能会导致管道阻塞。

生产化学处理旨在抑制蜡结晶过程，以及在给定温度下降低原油黏度。可以通过对原油的分析和实验室对潜在处理效果的评估来设计处理方案。

2.10.3.1　石蜡特性

含蜡量无标准定义，但是通常认为是直链和 n 支链烃类，范围在 C_{18} 以上，呈蜡状。原油在烃类分布、含蜡量和蜡沉的倾向上存在显著差异。原油在储层中处于平衡状态，但是随着烃类及水的生产和运移，这种平衡被扰乱。蜡分子在原油中的溶解度取决于原油的化学成分、压力和温度。对于给定的原油，温度或压力降低可以激发其结晶过程，其中温度是最重要的因素。在压力变化的情况下，液相中轻组分损失，进而导致溶解度改变。树脂和沥青质的存在降低了石蜡溶解度，但对于含有高比例沥青组分的原油，石蜡沉积量明显降低，几乎可以肯定是由于沥青质在原油中以胶状悬浮液形式存在，胶体干扰了石蜡结晶的过程。

描述结蜡的模型已经发表了许多。由于原油中含有大量可以结晶的组分（正构烷烃、异构烷烃、环烷烃等芳香族和环状烃类），因此很难预测其析出行为。所有结蜡模型均基于经验公式，并且需要原油中脂肪族和芳香族组分的综合分析数据，分析成分最大可到 C_{50}。虽然这些方案在特定条件下能预估蜡沉积量，但当解决具体现场问题时，这些参数通常由实验确定[5]。

2.10.3.2　原油实验室特性

获得原油流变性能及蜡可能沉积的条件的数据是非常重要的。通常认为下列参数是必需的:

(1) 含蜡量;

(2) 分子量分布 (正构烷烃和支链烷烃的分布);

(3) 析蜡温度;

(4) 沥青质含量。

以上参数将有助于确定原油是否会有任何问题和可能的化学添加剂的需求。对于认为有问题的原油,应进一步开展研究,确定下列附加参数:

(1) 倾点;

(2) 蜡沉积剖面;

(3) 管道重启性能 (屈服应力);

(4) 旋转黏度计测量法。

获得原油新样品很重要。理想情况下,样品应与取样时保持相同的温度。如果冷却样品,则可能形成蜡晶体,再加热未必能逆转结晶过程,同时存在随着压力降低,挥发组分丢失的问题。这些测试并不能准确地重现生产中发生的情况,但结果可以用来确定潜在问题的程度以及哪种治疗方法最有效。

(1) 含蜡量。

可用于确定含蜡量的化学方法有许多,其中一种方法是溶剂萃取法,可用于去除沥青质、其他芳香烃和低碳数烷烃。蜡馏分溶解在热的氯化溶剂中,在非常低的温度下析出。

(2) 分子量分布。

气相色谱法 (GC) 或凝胶渗透色谱法 (GPC) 用于确定原油中蜡分子量分布。虽然很难区分 C_7 及以上的多数同分异构体,但这些方法能够估算出正构烷烃、异构烷烃、环烷烃、萘、沥青等组分的比例。因此,可以从色谱图中估算 C_{18+} 馏分的质量分数及含蜡量。如图 2.32 所示为不同烃链长度分布典型曲线。

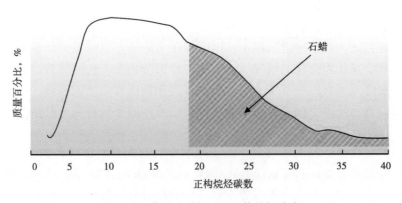

图 2.32　典型的脱气原油正构烷烃分布

（3）析蜡温度（浊点）。

析蜡温度可以说是含蜡原油最重要的一个特点，因此在进行任何结蜡实验前应先确定浊点。当油样（加热至所有固体蜡溶解）在可控速率下冷却时，可检测到蜡晶体的最高温度即为析蜡温度。蜡晶体容易在精炼油、清油中看见，因而常用于判定原油品质。确定析蜡点的方法有偏振光显微镜法、差示扫描量热法、滤光片堵塞技术和傅里叶变换红外光谱法。重要的是，原油要加热到远高于估计的浊点（20℉以上），并在高温下保存数小时，然后才开始任何测试。如果不这样做，将导致读数不正确和重现性较差。

（4）沥青质含量。

根据 IP 143 标准定义，沥青质含量为不溶于正庚烷但溶于热苯的无蜡原油馏分。

（5）黏度。

旋转黏度计用于测量流体流变性参数。该方法包含一系列剪切速率下的黏度测量，也用于不同温度下黏度测量以确定其温度效应。当蜡晶体在较低温度下从溶液中析出时，溶液黏度显著增加。黏度特性改变时的温度直接与析蜡温度和倾点有关。高于析蜡温度时原油表现为牛顿流体，低于析蜡温度时表现为非牛顿流体。

（6）倾点。

对于稠油，有必要了解其低温流变性能。倾点是稠油的一个特定参数，并且经常成为其质量指标的一部分，通常由测量得到。其实验装置如图 2.33 所示。在不搅拌的情况下，原油首先在池中预热到 46℃，并且保持 30min。IP 15 和 ASTM D7 方法规定：原油在规定条件下冷却，每增加 3℃ 检测其流动性，当观察到原油流动时的最低温度即为倾点。

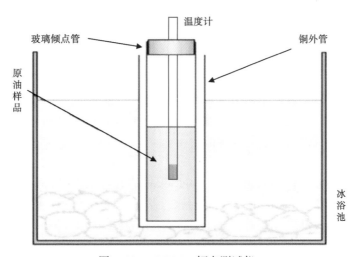

图 2.33   ASTM D7 倾点测试仪

（7）蜡沉积测试。

蜡沉积测试设备，特别是那些能够在高压下工作的设备，可模拟实际管道内的情况。原油处于蜡结晶温度以上。将冷凝管插入原油，测量冷凝管上蜡沉积速率。这种试验的一个变体是毛细管堵塞试验。

（8）冷滤点。

冷滤点这种方法被广泛使用，尤出现于馏分油冷滤点测量。标准网格大小的滤网被原油或燃油中石蜡晶体堵塞时测量的温度即为冷滤点。

(9)屈服应力测试。

如果预测管道关闭后重启有问题,则应进行屈服应力测试,即管道重启测试。实验室管道重启测试设备本质上是一个改良的毛管管堵装置,该装置能够测量入口和出口的压差。低温关井阶段后,刚开始稳定流动时所测的剪应力就是原油的屈服应力。如图2.34给出了设备图和典型曲线。图中曲线显示压力恢复到某点时结晶蜡结构被破坏,该点称为原油的"屈服点"。

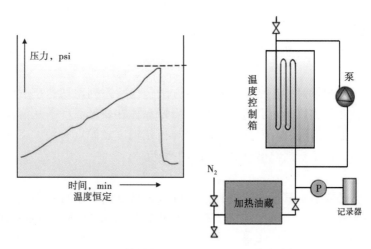

图 2.34 管道中起始流动的实验室仿真模拟

2.10.3.3 结蜡控制处理

用于控制蜡沉积的方法主要有三种:机械法、热力法和化学法。

(1)机械法。

机械法包括清管和外加磁场。其中清管是一种很常用的方法。清管器沿着管道下入,机械地从管壁上刮蜡,并将蜡重新分配到清管器前面的原油中。也可以使用钢丝刮刀。清管能够保证实现清蜡,但是过程耗时、耗力。它需要专业设备,而且工具有卡住的危险。清管和其他预防措施的结合可能是最佳的。

(2)热力法。

如果能够增加油温,例如管道绝热(可用于短的海底生产设备管线)或者增加流量,表面沉积物变得更加柔软和不稳定,蜡层将被移除。然而,增加流量可能伴随着剪切力显著增加。在某些情况下井底加热是可行的。注热油是陆上油田井底结蜡处理中最常用的方法,热油循环到受结蜡影响的地层。也可以使用热水或蒸汽,但有可能产生有问题的乳剂。热油和热水处理需要定期再处理。另一种热力方法是使用释放热量的技术,比如镁棒与盐酸产生化学反应释放热量。

这些方法的使用可以保证清蜡。为防止蜡进一步沉积,必须将工作温度保持在蜡熔点以上。一般而言,每2~6个月需要重复一次。加热过程可能产生火灾风险,需要特殊的设备,成本较高,这些都是热力法的缺点。

(3)化学法。

假如结蜡不太严重,溶解现有的沉积蜡是可行的。如表2.5中所示,可供使用的潜在溶剂范围非常广，已经使用过的烃类溶剂包括汽油、凝析油、甲苯、二甲苯和石脑油。高芳香烃含量的产品也可作为优良的沥青质溶剂。目前，芳香烃和大多数烷基取代的芳香烃被列为海洋污染物，必须标贴上"对环境有害"的标签。已通过检测的苯基酯类产品和柠檬烯可作为替代品。出于毒性和环境方面的考虑，不允许使用氯化溶剂（三氯乙烯和其他卤化产品）。同样地，因为高可燃性和有毒气体排放，二硫化碳也被禁止使用。

表 2.5　蜡处理溶剂

化合物	闪点，℃	物性
热原油	可变	成本低但有火灾风险
石油	可变	比原油安全且广泛应用
烷基芳香烃	>30	对海洋生物有毒
石脑油	可变	对海洋生物有毒
苧烯	48	从松树中萃取，对海洋生物有毒
苯酯		有利于环保但成本高
二甲苯	27	存在潜在火灾风险但最常用
甲苯	6	有毒和低闪点
三氯乙烯		对水生生物有毒
二硫化物	-30	高可燃性和有毒烟雾形成导致不使用

　　清蜡处理方法是用选定的溶剂注入到受影响的区域，并静置浸泡 6~24h。长管线可采用缓慢泵送段塞进行处理，但是这种方法在逻辑上是困难的，并且需要相当长的停机时间。溶剂通常包含在晶形改性剂的处理中。

2.10.3.4　防蜡剂（晶形控制剂）

　　化学添加剂用来改善原油的流动特性，根据其功能可分成：

　　（1）蜡晶改性剂（防蜡剂）；

　　（2）倾点控制剂；

　　（3）分散剂。

　　聚合物防蜡剂与倾点控制剂类似，通常可以用同一种产品同时达到防蜡和降倾点的作用。许多工作人员把这些抑制剂称为流动改善剂。分散剂的作用方式不同，许多商用防蜡剂也含有分散剂。

　　（1）蜡晶改性剂。

　　蜡晶改性剂通过与蜡晶体共同结晶来抑制沉降，并防止结构化晶格在管壁形成，如图 2.35 所示，这一过程是通过处理剂来改变蜡晶格中可结晶结构序列来实现的。

　　在改性晶格中，相对较大的非晶侧基的破坏作用阻止了蜡晶进一步的生长。改性蜡晶群很少形成巨大的聚合沉降，且不易黏附在管壁。添加剂必须在添加剂和蜡都完全溶解的温度下加入到油中，即处于未定形状态。一次成功的蜡晶体改性需具备两方面的特性：

　　①在原油中改性剂与蜡的沉淀温度相同；

　　②含有能够与蜡共同结晶的结构序列。

　　成功的晶体改性剂是在同一分子内含有直链烃和极性基团的聚合物或高分子量有机分

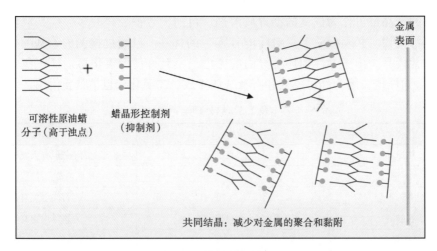

图 2.35　蜡晶形控制机理

子。这些聚合物的关键特性是其骨架上垂侧链存在、出现的频率以及总的分子量。侧链的极性基团和原油石蜡分子的相互作用很大程度上决定了产品有否有效。

一种广泛使用的典型聚合物是 EVA 共聚体（乙烯—醋酸乙烯酯），其分子式为 $\xleftarrow{}CH_2—CH_2\xrightarrow{}m\xleftarrow{}CH_2—CH（OCOCH_3\xrightarrow{}n—$，分子量为 10000~30000，重复单元数量约为 100~300。醋酸乙烯酯含量为 18%~40%。醋酸盐侧链使其具有支链特性。其他广泛使用的聚合物有烷基丙烯酸酯聚合物、马来酸酯、琥珀酸酯以及共聚物。

聚合物通常在芳烃熔剂中的浓度为 5%，以帮助快速溶解到油相中。该产品是连续使用，以达到最大的效益，应在析蜡点以上添加到温/热原油中。通常，添加点位于井口，并位于进入通往炼油厂的管道之前。表面活性剂通常作为辅助添加剂进行添加（参见分散剂）。应用中配制产品浓度一般为 100~1000mg/L。

（2）倾点控制剂。

黏度的增加以及低温下蜡的结晶都会妨碍长距离管道原油输送。能够抑制倾点和改善低温下流动特性的添加剂称为倾点控制剂。倾点控制剂可以作为晶形改性剂使用，但反过来未必通用。这些添加剂为含有 n—烷基链（主基或侧基）和其他极性基团的聚合物。在特定的应用条件下，分子的适用性取决于分子量、烷基链长度、悬侧链之间的间距、共聚体单链分布、聚合物无定形或晶体特性等因素。

烷基链长度很重要，因为它决定了这些链结晶和吸附在蜡粒表面上的温度。分子量影响其在原油的溶解度，且不同分子量的相似产品性能不同。

乙烯—醋酸乙烯酯聚合物是一种广泛应用的倾点控制剂。这些共聚物具有广泛的物理和化学特性，分支的数量和分支的长度都很重要。此外，还推荐丙烯酸酯和马来酸、琥珀酸、富马酸酯及其共聚物。

针对特殊原油倾向于特殊处理，室内评价确定最优的处理方式很关键。图 2.36 所示为两种抑制剂不同处理方式下的黏度和温度变化曲线，其中抑制剂 b 为最优。

使用剂量为 720mg/L（夏季）~1280mg/L（冬季）的倾点控制剂，可使新西兰原油的

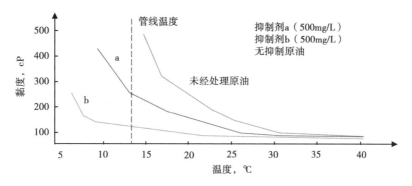

图 2.36　黏度—温度曲线（确定最优的降凝剂处理方式）

倾点从 32℃ 降到 11℃ 。现场用量要低于室内模拟。

（3）分散剂。

分散剂吸附在金属表面的薄膜，可减少石蜡对该表面的附着力，并且所吸附的化合物的性质决定了其润湿性特征。蜡分散剂的作用原理是吸附和润湿管道表面，并吸附到预先存在的蜡晶体上，从而减少它们粘在一起的趋势。其整体效果就是蜡在侧壁的积累较少。好的分散剂能渗入到沉积蜡里面，并吸附在单个颗粒上，使它们能够自由地进入周围的油中。蜡分散剂可以连续使用以达到抑制效果，也可以分批加入以实现补救作用。

阴离子表面活性剂包括烯烃磺酸盐、聚烯烃酯和其他强力润湿剂，都是典型的蜡分散剂。配方中还可能含有初级防蜡剂（总活性浓度为 10%~30%）。

2.10.4　沥青质

沥青是原油中的重质和极性组分，由沥青质和树脂两部分组成。

（1）沥青质由缩聚的芳香族和环烷类分子组成，分子量从几百到几千不等。其特征是含有大量的杂原子氮、硫和氧。如图 2.37 所示为其复杂的结构。

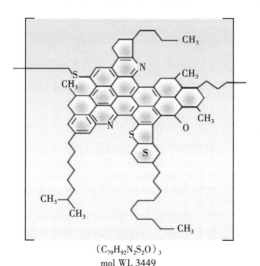

$(C_{79}H_{92}N_2S_2O)_3$
mol WL 3449

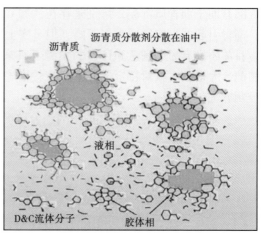

图 2.37　沥青质结构

（2）树脂与沥青质类似，这两种成分形成了一种稳定的组合。在这种组合中，树脂充当分散剂，产生相互排斥的胶体带电粒子。如图 2.38 所示为两种成分相互作用并形成稳定结构的过程。

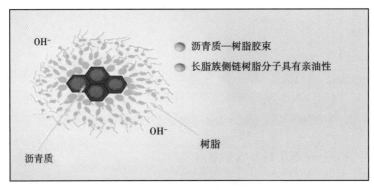

图 2.38　沥青质—树脂组合

可利用选择性溶剂萃取技术把沥青质与原油分隔开，沥青质为不溶于正庚烷（或正戊烷）的组分；树脂为在室温下溶于正庚烷、甲苯和苯但不溶于乙酸乙酯的组分。

沥青质与树脂的比值是系统稳定性的最要参数。若该值小于 1（树脂高于沥青质），则系统稳定。在生产系统中，原油温度、压力和化学成分变化以及油管中流动电位效应都会影响沥青质的稳定性。Deo 讨论了沉淀过程的复杂性。

压力和温度都会影响沥青质的稳定性。有现场报告描述，在油井中，油管中发生沉降的深度低于原油的泡点（气相分离的压力）深度。这是原油中较轻的组分和较重的组分的压缩性不同造成的。当原油接近其泡点时，原油轻质组分相对体积分数增加，其效果与把轻烃加入到原油中类似，从而导致沥青质分解。在泡点之上，低分子量烷烃从液相变成气相，从而降低了沥青质在原油中进一步分解的趋势。

酸有助于沥青质沉淀，特别是存在铁和 CO_2 情况下。

沥青引起的操作问题类似于蜡，但事实上其更难预测和处理。

目前还没有令人满意和可靠的预测工具来确定沥青质沉积的严重程度，抑制方法是不可靠的。大多数文献对特定条件下的补救措施（不是预防措施）进行了描述，推荐的沥青质控制方法包括：

（1）通过连续不断地加入抑制剂、分散剂或溶剂以减少沥青质沉积速率。

（2）通过沥青质溶解剂（溶剂）在受影响区域的再循环，对油井和地面设备进行化学清洗。

（3）避免原油流混流。原油原料混合是沥青质沉淀的常见原因，轻质非沥青质原油可能是较重原油的沉淀剂。

（4）对生产流体的温度和压力进行控制，以尽量减少已确定的促进沥青质沉积的条件的发生，从而提高油井生产和设备的投产效率；

（5）机械清洗井和地面设备，包括使用钢丝绳，打开容器（如分离器）挖出沉积物。

2.10.4.1 沥青质溶剂

本节讨论集中在通过与蜡溶剂的对比来选择沥青质溶剂。吡啶、二硫化碳和卤代烃有效但有毒，这阻碍了它们在现场的应用。简单芳香烃，如甲苯和二甲苯具有高效和成本较低的优点，但存在操作上的不足（闪点分别为5℃和27℃）。高烷基取代苯，闪点变高，但溶解能力比二甲苯低。大部分取代芳香溶剂现在被列为海洋污染物。双环和多环溶剂对沥青质是有效的，它们的结构如图2.39所示。许多分子量较高的溶剂的闪点都在61℃以上，故不能看成是高度易燃的。

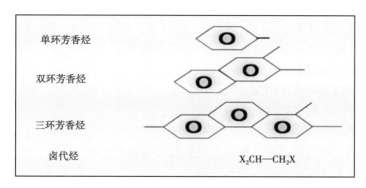

图2.39 沥青溶剂

吡啶和二甲基吡啶是沥青沉积的最佳溶剂[5]。除了有毒外，吡啶还会使合成橡胶O形环严重膨胀。而甲基萘对合成橡胶几乎没有损害。

为清除管线中的沥青沉积，溶剂可以分批处理，也可以在8~24小时内重新循环到受影响区域。对于管柱，可使用纯的或稀释的原油并通过环空再循环来处理。

2.10.4.2 沥青质抑制剂/分散剂

抑制剂的设计目标就是建立稳定的胶体体系和降低颗粒絮凝速率，并减少表面沉积物。例如部分磷酸烷基酯化学式为：

$$R\ Alkyl—O—P（O）—（OH）_2$$

烷基—芳基磺酸酯（如十二烷基苯磺酸，DDBSA）是常用的分散剂，化学式为

$$X—SO_3—C_6H_6—C_{12}Alkyl$$

通过热油或芳烃溶剂的连续循环来稀释原油，可减少或消除沥青问题。

2.10.4.3 蜡和沥青组合的乳状液处理

化学品供应商提供的产品是蜡与沥青质抑制剂的组合，它们的使用方式与沥青质分散剂的使用方式相同。若同时存在石蜡和沥青质问题，使用上述组合抑制剂是非常有用的。沥青的乳化特性可稳定乳状液。化学品供应商应该开发一种清除和防止硬乳液的组合产品，但可能需要大量的现场测试。

2.10.4.4 沥青溶剂现场应用

任何处理剂现场应用成功都取决于许多因素，但准确预测沉积物位置和合理估算沥青质沉积数量是至关重要的，对于处理受污染的管柱也很重要。

必须检查溶剂与系统中包含的弹性体和塑料材料的兼容性。芳香族溶剂，特别是稠环芳烃对油田通用的许多弹性体，如密封圈、垫片等有很强的腐蚀性。即使接触时间很短，弹性体也可能发生膨胀和/或脆化。

2.10.5 乳状液管理

乳状液由互不相容的两相组成，一种相作为液滴存在，另一种相作为连续相实现共存。由于机械搅动，油藏产出油与天然地层水或混合的地层水、注入水将形成天然乳状液，并利用产液中出现的乳化剂来保持稳定。乳状液的稳定性主要取决于水和油的化学组分，并在油田开发过程中随产液和产水比例的变化而变化。除了乳状液之外，还存在一些自由水，其比例随水含量增加而增加。

油水混合物不能有效分离（脱水）会导致如下问题：

（1）地面分离设备过载；

（2）高含水原油泵送成本增加；

（3）高黏乳状液导致高管线压力或油管压力；

（4）增加容器加热成本；

（5）出口管线存在腐蚀风险，包括海底管线和炼油厂管线；

（6）油罐底部形成深厚污泥，很难清除；

（7）炼油厂只接受含有低碱沉积物、水和盐含量低的石油，炼油厂能接受的最大含盐量为 25lb/1000bbl 原油；

（8）炼油厂存在催化剂中毒风险。

破乳剂、脱盐剂和油污水化学物质（反向破乳剂）是一个巨大的化学品市场，约占全世界油田生产化学品市场的4%。

2.10.5.1 乳状液稳定性

乳剂水滴可以是各种大小，从相当大（可见）到亚微米级大小。研究发现，对于一次采油，其连续相为油，分散相为水。在正常的油包水（w/o）型乳状液中，可能包含从微量到约90%的水。乳状液是热力学不稳定体系，但存在天然的乳化剂和其他固相能显著增加其稳定性。当液滴融合形成越来越大的液滴时，乳液是不稳定的。一些产出油和产出水乳状液可能容易破乳，也可能不容易破乳。

水包油型（o/w）乳状液是典型的低含油污水流，但在排放到环境前必须进一步处理以减少含油量。低含盐原油经常为水包油乳状液。

从现场样品很难确定乳状液为油包水或水包油型，但可以通过在样品中加入水或煤油来确定：任何稀释并与乳液混合的液体都是连续相。在油为连续相的乳状液中加水不会导致稀释，水只会作为自由的、未结合的相下降到底部。牛奶状的水为连续相的乳状液，很容易用水稀释。

由于油水混合、剧烈搅动以及原油中存在乳化剂，从而形成了原油乳状液。在储层中发生的混合量相对较小，甚至在生产管柱中也可能没有足够的湍流以形成稳定乳液的形成。然而，当原油流经节流阀、井口阀时，在压力梯度作用下会出现极端混合条件，并形成新的油包水界面。乳状液的形成过程如图2.40所示，图中列举了不同类型的乳状液。

机械搅动是乳状液形成的根本原因，但原油不同的组分则会影响乳状液的稳定性。

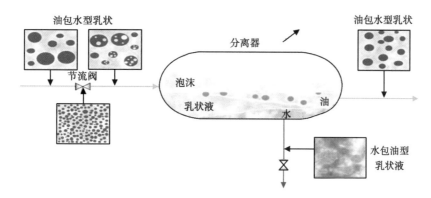

图 2.40　图示乳化液形成的不同部位和乳化液的性质

（1）天然表面活性剂可以是有机酸、有机酯、杂环氮化物或各种氧化烃类化合物，能适度减小表面张力（在常规表面活性剂中它们只是弱吸附）。

（2）树脂在界面上更活跃，并吸附在新界面上。

（3）沥青质在界面处累积。

（4）石蜡晶体在生产过程中也会沉淀。

（5）无机颗粒（泥沙、黏土、水垢）能够稳定界面膜，油润湿固相如铁的硫化物和氧化物形成稳定乳状液，这些膜具有较强的机械强度。

（6）引进的生产化学品，如缓蚀剂、杀菌剂、阻垢剂、防蜡剂等，可作为表面活性剂，也可作为乳化剂。

与水相相关的可溶性组分也会影响乳状液的稳定性。高含量的可溶性钙或镁能够增加稳定性。低于正常温度下（季节效应和加热器故障）的产液黏度更高，且所形成的乳状液不易破乳。产液通过长海底管线时，会导致流体冷却和输送时间延长，而滞留在管线内的流体则会使乳状液失稳。吸附表面活性剂的空间斥力、界面刚度以及固相稳定性都能解释乳状液的稳定性。

2.10.5.2　乳状液失稳和破乳

原油乳状液的热力学性能不强，在适当的时间内乳状液将分离成油和盐水相。这与家里一些有名的乳剂形成了鲜明的对比，如蛋黄酱会保持几年稳定。

油包水型乳状液失稳经历絮凝阶段、乳状液分层或水滴下降阶段和聚结或自由水分离三个阶段。这些阶段如图 2.41 所示。

絮凝阶段是将液滴（包括最小的亚微米大小的液滴）融合形成团簇，但没有凝聚或沉降。随后出现乳状液分层，该术语

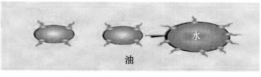

（a）絮凝乳状液液滴碰撞和聚结

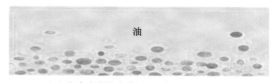

（b）水滴或乳状液分层、足够大的水滴会沉降

（c）联合排放和分离过程

图 2.41　油包水型乳状液破乳阶段

经常用来描述重力作用下分散相液滴簇的上升或下降。必须存在密度差才能出现乳状液分层，因此在原油体系中，将会有浓盐水相液滴滴向容器底部。该过程的结果是乳状液中分散相浓度下降，特别是分散相富集的乳状液。此时，乳状液存在反转风险，如从90%油包水到10%水包油。

乳状液破乳的最后阶段会出现液滴聚结。连续相的排水会导致液滴间界面膜的破裂，并导致自由能（较低的表面积）的整体降低。改善失稳过程的方法包括升高温度、离心分离、电法、化学处理和增加共振时间等。

随着温度升高，处于连续布朗运动状态的分散相液滴相互撞击的频率增加，相互撞击力增大。因此，聚结的可能性增加。该过程称为异向絮凝。加热还会减少连续相黏度，从而提高了液膜的排液速率。碳氢化合物随着温度的升高而膨胀，其膨胀速度比水的膨胀速度要快。因此，加热乳状液会增加密度差，并促进沉降。加热还会增加天然乳化剂和乳化液稳定剂在液相中的溶解度，导致这些材料从表面去除，乳状液失稳。

离心分离通常是人为增加重力，以增加分散相在乳状液中的浓度。在该过程中，还会发生界面膜破坏。

2.10.5.3　电破乳

高压静电分离器广泛用于处理油包水型乳状液，其中水（分散相）比油具有更高的导电性或极性。施加的电场使水珠形成偶极子，而水珠由于变长而进一步失稳。水滴间相互作用产生引力，导致水滴聚结和合并，其机理如图2.42所示。高压交流电场用来处理油包水型乳状液。直流电用来处理水包油型乳状液，通过电泳增强了水滴絮凝效果。

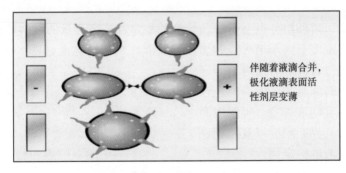

伴随着液滴合并，极化液滴表面活性剂层变薄

图2.42　静电场使乳状液失稳

乳状液是热力学不稳定体系，其稳定则需足够长时间。井口与分离器之间最终的共振时间因井场而异，可影响破乳剂的选择。

2.10.5.4　化学破乳剂

现全世界都用化学破乳剂配方来改善乳状液破坏过程。Jjoblom讨论了破乳剂产品的机理。目前的破乳剂是具有表面活性的高度复杂有机化合物的混合物，破乳剂配方包括非离子、阳离子和阴离子表面活性剂。破乳剂的作用就是使乳状液失稳。

图2.43描述了乳化剂的溶解度（亲水性平衡，HLB值）如何影响油包水或是水包油乳状液。显示了中等HLB值的聚合物是如何取代乳化剂的，从而使乳化剂的浓度降低并导致聚结的。

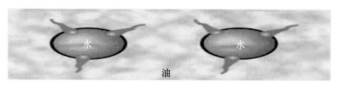

（a）用低HLB特性的油溶性表面活性剂来稳定油包水

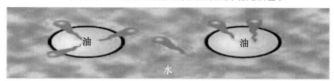

（b）用高HLB特性的水溶性表面活性剂来稳定水包油

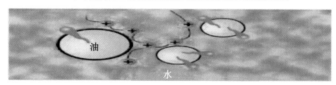

（c）破乳剂代替表面活性剂使液滴聚结

图 2.43　不同情况下乳状液的形成和性质示意图

图 2.44 描述了 HLB 值如何影响乳状液的稳定性和类型，以及聚合物破乳剂与其他乳化剂的关系。

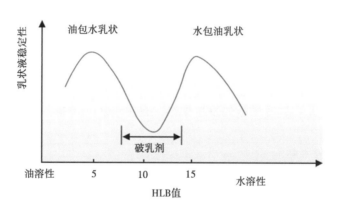

图 2.44　乳状液稳定性和表面活性剂 HLB 值关系曲线

2.10.5.5　破乳剂选择程序

一般通过瓶内实验来优选化学品，经验丰富的技术人员通过大量的表面活性剂基液来进行一系列的优化实验。最重要的是对有代表性的新鲜乳剂样品进行测试，因为老化（氧化）油不会得到相同的结果。

把从产液中获取的新鲜乳状液样品分装到几个测试瓶中，破乳剂基液可选择单独或组合测试。综合考虑原油亮度、水透明度、油水界面质量、温度、沉淀时间、含盐量、出口原油的底部沉积物和水以及成本等因素，选出最优的产品。新鲜原油的实验结果是现场性能的最好指示器。

水包油型乳状液按照相同的程序进行测试,即用水稀释乳化剂基液。温度通常很低,且成功的化学品浓度一般很低[5,6]。

2.10.5.6　脱水装置

油井产生的油和水通过处理设施从井口和分离器排出,最后原油被转移到储罐或通过计量和管道泵送。最终的原油最好不含固体、水或乳剂。

2.10.5.7　分离器

这些容器通常是工艺系统中的第一个设备,用于从石油中去除气体和水。首先,必须除去气体,这是在一个两相分离器中完成的。三级分离器和自由水分离器用来除去剩余自由水,以防止脱水设备过载。当原油需要加热时,先进行脱水尤为重要,因为在水中达到与在石油中相同的温度需要将近四倍多的热能。分离罐中通常含有过滤材料,以帮助清除水中夹带的油。

含水原油和乳状液泵入到脱水系统,脱水系统可以是冲洗箱(油水分离罐)或加热处理器,也可以是化学电处理器。

2.10.5.8　冲洗箱—油水分离罐

该容器是一个装配有外部或内部箱的沉降罐,该罐称为油水分离罐,该箱称为冲洗箱。虽然这些装置并不常见,但在较旧的装备中仍能找到。筒体或进气管起气体分离器和防振装置的作用,从而减少主箱内的湍流。分流板让乳状液缓慢进入水相中,使其被冲洗并增加水滴的尺寸。沉降时间很重要,这是由于水滴尺寸增加,在重力作用下下降,使干净的油上升,并被移出储存和运输。

2.10.5.9　热处理器

热处理器有不同的尺寸和形状,可以处理$50\sim10000$bbl/d的产量。在所有不同的类型的脱水设备中,热处理器是最通用的。它们一般与恒温控制器、液面控制和燃烧器联合使用。立式处理器在小型施工中使用比较普遍,而在大型施工中则优先使用卧式处理器。在流体流到燃烧室下面的隔板前,立式处理器需要对热交换器的乳状液进行预加热。随着燃烧室周围流体受热,水在过滤塔板处发生聚结,自由水从底部排除,热油经热交换器排放到储油罐。

2.10.5.10　电化学处理器

电化学处理器现在使用非常广泛。跟热处理器一样,它们具有全自动、不同尺寸和卧式放置的特点。在运行的第一阶段,其原理与热处理器相同:气体从加热器末端排除,避免在后续施工中发生爆炸。热含水原油进入电聚结区,并通过乳状液隔板形成均匀流动。高压交流电场刺激乳状液,使其聚结在一起,加速小水滴的聚结。电极的布置和电压的选择可根据需要调整。若原油乳状液入口温度足以静电脱水,则可直接使用电化学处理装置,无需加热段。

2.10.5.11　管线和储油罐

一些油田系统具有油田间距离远、干线长和储油罐大的特点,破乳剂在井口注入,油水在管线中出现重力分离。随着流体到达储油罐,分离出来的水从罐排出,然后输出"干油"。长管道中的游离水是管道底部腐蚀的潜在原因。

2.10.5.12　脱盐作用

原油中含有杂质如铁的硫化物、砂粒、泥沙和水。夹带的水通常含有氯的形式的盐,当加热到高温（平均蒸馏温度为 650℉）时可以水解，释放盐酸。盐酸以及原油中的其他酸（软泥酸）会在炼油管道内造成严重的腐蚀问题。

原油温度、冲洗水组分、混合程度、体系沉降时间等参数是决定所用破乳剂数量和类型的变量。

2.10.5.13　出水处理（原油生产）

水中的残余油在污水处理厂分离。陆上或海上生产装置或炼油厂排放的污水必须满足环境要求或重新注入生产储层或含水层。依据 OSPAR 规定，排放的任何废水必须符合现行的最高规格要求，即水中油的浓度为 $10\mu L/L$。当根据红外吸附来解释水包油数据时，需要谨慎，因为其中包括溶解的有机酸（不可去除）人为地增加了"油"的含量。

2.10.5.14　水包油型乳状液稳定性

在油田水处理系统中，油滴和固相污染物在中性 pH 值时通常存在残余表面负电荷。这种净负表面电荷是由于阳离子比阴离子更易水化，阴离子比阳离子更易被极化并优先吸附在表面。围绕着这个表面负电荷的是一层配对的阳离子层，阴阳离子最终形成双电层。由于双电子层的存在，远距离斥力被认为是水包油型乳状液的主要稳定因素。

2.10.5.15　水包油型乳状液失稳—油滴絮凝

水力旋流器或离心机的使用越来越多。它们的使用越来越受欢迎，因为它们需要很少或不需要任何化学添加剂。从水中浮选石油的方法仍然很普遍，而且确实需要使用化学絮凝剂。这些化学絮凝剂有时称为反向破乳剂或油污水净化剂，可利用高性能合成水分散聚合物进行电荷中和以实现油滴的化学辅助絮凝。阳离子聚合电解质，如聚酰胺，能够克服油滴表面的负斥力。

2.10.5.16　助滤剂

使用分子量为 104~107 的聚合物絮凝剂分子用来诱导悬浮颗粒和油滴聚合，增加了俘获效率。这些聚合物的浓度通常为 0.1~10mg/L，化学类型、电荷类型和电荷密度方面差异很大。3 价铁或 3 价铝化合物能够在溶液中形成大的氢氧化盐絮凝体，而氢氧化盐本身也能够形成或絮凝原生颗粒。

铝化合物包括硫酸铝 $[Al_2(SO_4)\cdot 18H_2O]$ 和铝酸钠（$Na_2Al_2O_2$）。

铝盐一般不适用于海水，这是由于铝离子在 pH 为 6~7 时才能形成氢氧化盐絮凝体，而海水的 pH 约为 8。

铁化合物包括硫酸铁 $[Fe(SO_4)\cdot 3H_2O]$ 和氯化铁（$FeCl_3\cdot 6H_2O$）。

pH 为 8~11 时，铁化合物形成适用于海洋的水合氢氧化铁絮凝体。值得注意的是，氯化铁溶液腐蚀性强。在实际应用中，使用聚合物和无机絮凝剂的组合可实现系统的最优效率。其他化学品（如杀菌剂、阻垢剂、缓蚀剂等）用来处理注入地下储层的水，这在注水部分予以阐述。

2.10.5.17　污水处理厂

最重要的是，离开处理厂的废水必须符合当地的环境法规和指导方针。API 分离器装置在世界各地广泛使用，并进行了部分改进以提高其效率。该装置依靠重力进行分离：原油浮在表面，污泥落入底部，并流经混凝土分隔间。分离所需的停留时间决定了分隔间的大小和数量。油污水通过可调入口进入，浮油浓缩物或通过移动撇油管排出，或通过出口舱的一个静态可调节（高度）管排出。清洁水在箱体中间部位排出。在一些装置中，还配有污泥收集器。

2.10.5.18　板式分离器

这些装置用于很多设计中（常压或高压），其基于 API 分离器原理。为了加快分离过程，倾斜板呈 45°~90° 放置在容器内。这些装置的运行取决于油、水和污泥间的密度差。油上升并在倾斜板下侧聚结而被收集，污泥在底部收集，而清洁水在倾斜板间流动。相较于原始的 API 分离器，这些装置更加高效，且占用空间较小，但倾斜板易受腐蚀。

2.10.5.19　溶解气浮选（DAF）

在该类装置中，用空气或气体来饱和部分加压水流，然后在常压下将该液体释放到浮选容器的进水口，会产生非常细小的气泡。加压循环水通常占总水量的 10%~30%。当释放到大气压力时，会产生 40~60μm 直径的气泡。在聚合电解质作用下，这些气泡附着在浮油上，浮油迅速浮到水面，然后被除去。聚合电解质的选择和浓度的优化是维持高效率的重要因素。

2.10.5.20　诱导气浮选（IAF）

该装置把空气或气体引入到油污水流中，然后形成小气泡，帮助产生泡沫。如图 2.45 所示为该装置示意图。相较于 DAF 装置，这些装置价格便宜且占用较小甲板空间，但效率较低。DAF 与 IAF 两类装置通常与 5 个单元串联布置以净化污水。随着水由一个单元流到另一个单元，污染物的数量减小，两者均取决于细心控制和有效除油。DAF 和 IAF 都不能完全适应浮式生产平台，其在恶劣天气条件下效率低下。在固定海洋平台上，结构的摇摆作用使得液面倾斜。

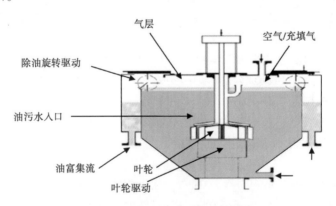

图 2.45　诱导气浮选装置示意图

2.10.5.21　过滤器

所用过滤器的类型与注水系统中固相清除过滤器非常类似，但在本应用中它们能够清除残余油和固相。污染程度和处理量决定了所需过滤器的类型，其中增压混合介质单元是最常见的。滤器装置将在注水系统部分进行更详细的描述。

2.10.5.22　聚结器

聚结器（图 2.46）主要是基于筒式过滤系统，聚结所用的介质一般为超细玻璃纤维（1~10μm）或合成高分子材料。聚结器可充当很好的过滤器并能够快速阻挡固相，使用前必须对含油污水进行有效的预过滤。

图 2.46　绕在卷筒上的过滤网

2.10.5.23　活性炭吸附

尽管活性炭价格昂贵，但在清除污染物时，特别是有机化合物和有毒化合物时，其吸附过程高效，吸附后污染物水平会非常低。用过滤和浮选预处理可预防有害的污染物。

2.10.5.24　水力旋流器

该装置以其非常低的空间重量比在北海非常受欢迎。该过程利用重力进行分离：污水进入旋流器并伴随旋转，产生高的重力加速度，迫使油向中央核心区流动。该装置能够把油的放电量降至 40ppm，但其对排量的波动敏感。油滴尺寸必须大于 $10\mu m$ 才能进行分离。

2.10.5.25　离心机

离心机用于重油和水（焦油砂油）的分离已经很多年，但直到最近才大规模应用于北海油田。它们利用离心力来从水流中分离出油和固相，且小于 $1\mu m$ 的油滴也能够分离。

2.10.5.26　生物处理装置

好氧生物处理是一种从废水中去除有机污染物的过程，目的是将生物需氧量降低到符合当地环境法规要求的水平。这些装置的设计标准取决于很多因素，包括温度、pH 值和有毒化合物含量。细菌可以生长在大沙粒上，也可以生长在塔或水箱里的塑料杯上。装置的排量和停留时间决定了最终的出水质量。

2.10.6　腐蚀防护

腐蚀是指在一定环境下金属发生化学或者电化学反应而受到破坏的现象。在石油工程中，电化学腐蚀导致设备内外表面发生损害，进而造成巨大损失。腐蚀影响原油开采的各个阶段，如钻井作业、原油分离、输出管线、储油罐炼油厂。甚至在发动机中，都伴有金属腐蚀破坏。

电化学腐蚀常常发生在水、油水和气体系统的固液界面处，且系统中存在硫化氢、二氧化碳或者两者共同存在时。电化学腐蚀危害是严重的，主要包括一般性金属损失（均匀腐蚀）、脆性断裂和表面开裂。如果不加以治理，以上任何一种腐蚀伤害都会导致设备失效。

在石油工业中，以上所有类型的腐蚀都会发生。这就要求石油工程师必须时刻警惕防治设备因故障停机，制订最经济有效的预防腐蚀方案，比如合理的金属选材、合理的施工设计、合理的化学抑制腐蚀方案。本节将对这些问题进行阐述。

2.10.6.1 电化学腐蚀

要发生电化学反应，设备必须是金属的，而且也需要具备以下环境：

（1）表面阳极；

（2）表面阴极；

（3）电解质溶液；

（4）电路（阳极和阴极间有连接介质）。

金属表面发生氧化反应，形成阳极。对于浸在盐水中的钢片，阳极发生的氧化反应是铁原子氧化成亚铁离子：

$$Fe \longrightarrow Fe^{2+} + 2e^- \text{（氧化反应）}$$

因此，阳极上有钢的损耗。而阴极发生消耗电子的还原反应。电解质提供氢离子的来源，氢离子被转化为原子氢。原子氢的特性是能够在钢中迁移，当它与其他氢原子重新结合形成氢气时，就会引起起泡或发生氢脆：

$$H^+ + e^+ \rightarrow H$$
$$2H_2O + O_2 + 4e^- \rightarrow 4OH^- \text{（还原反应）}$$

电解质将腐蚀性物质（如溶解气体）输送到金属表面，并作为离子传输的介质。电解质从阳极携带亚铁离子，从阴极携带氢氧根离子。一旦超过溶解度，亚铁离子和氢氧离子便结合生成氢氧化亚铁固体，这个反应发生在阳极和阴极的交接区域。

$$Fe^+ + 2OH^- \longrightarrow Fe(OH)_2 \downarrow$$

如果阳极、阴极直接连接，氢氧化亚铁就会沉淀在金属表面。阳极和阴极之间的电位值与腐蚀的严重程度成正比。纯水是一种很差的电解质，实际上对钢只有轻微的腐蚀性。在这种情况下，铁反应生成氢氧化亚铁和氢气，电解质 pH 增加，氢氧化亚铁析出到金属表面，形成一层氢氧化亚铁保护膜，阻止了腐蚀进一步发生。地层水比淡水更容易发生腐蚀，这是因为地层水中许多溶解成分加速了腐蚀的发生。

铁的腐蚀速度受到如下很多因素的影响。

（1）酸性：液体的酸度由溶液中有机酸浓度（通常是 $100 \sim 1000mg/L$）和二氧化碳浓度决定。液体酸性越大，腐蚀就越容易发生。地层中碳酸盐矿物的存在起到了缓冲作用，降低了腐蚀性。

（2）温度：在低温条件下，腐蚀速度随着温度增加而增加，直到 $65℃$，由于腐蚀产物析出形成保护膜导致腐蚀程度轻微降低；在高温环境下，随着温度增加，腐蚀速度进一步增加至最高（$200℃$下）。

（3）压力：随着压力的增加，与应力有关的实效增加。

（4）流体速度：较高的流体速度会破坏形成的保护膜（腐蚀产物膜、沉积的垢、抑制剂膜）。

（5）氯化物含量：假设有氧气存在，氯化物含量高（高盐度）会增强点蚀和其他局部腐蚀，这种影响在高温下尤其明显。

（6）外部施加电流：在电加热情况下，直流和低频交流电均有可能增加腐蚀速率。

（7）溶解氧：氧气存在时，会很难控制腐蚀的发生，甚至很低氧气浓度下（>5mg/L）也会发生一定的腐蚀。在标准温度压力矿化度条件下，水中可以溶解 10mg/L 的氧气。在阴极，氧气会使氢氧化亚铁进一步氧化形成氢氧化铁（生锈）：

$$2H_2O+O_2+4e^- \longrightarrow 4OH^-$$
$$4Fe（OH）_2+O_2+2H_2O \longrightarrow 4Fe（OH）_3$$

只有在封闭系统中，氧气才可以被完全清除。只要有氧气存在，以上两个反应就会进行。除氧是成功使用其他腐蚀控制方法的重要因素。通过真空除氧和加入除氧剂（亚硫酸氢盐）可将注入水中的氧气降低到可接受的水平（低于 5mg/L）。

（8）溶解二氧化碳：地层水常常含有二氧化碳或者碳酸氢根离子，即使在低分压下也会对低合金钢产生腐蚀，这一过程被称为"无硫腐蚀"。

$$2CO_2+2H_2O+2e^- \longrightarrow 2HCO_3^-+H_2$$

对于在二氧化碳—水环境下的腐蚀，液体流速是非常重要的因素，因为高流速会冲洗掉金属表面的碳酸盐保护膜。在低压条件下，不锈钢表现出较好的耐腐蚀性。通过系统参数可以预测腐蚀程度，目前比较有用的预测模型有 De Waard 模型和 Milliams 模型。

（9）硫化氢：硫化氢易溶于水，形成一种具腐蚀性的弱酸。在无氧条件下，硫化氢会腐蚀低碳合金钢。在二氧化碳和氧气存在的条件下，腐蚀会增强，甚至耐蚀合金也会发生腐蚀。起泡和硫化物应力腐蚀开裂是常见的较为严重的腐蚀类型。

（10）美国国家腐蚀工程师协会（NACE）标准 MR 0175—1988 表明，硫化氢的气相分压达 0.05psi 时，低碳合金就会发生应力腐蚀开裂。在低温（<65 ℉）条件下和未经热处理的钢中，应力腐蚀开裂问题较少。氢穿透降低了金属的延展性，并产生了很高的内部压力。

2.10.6.2　油田中的腐蚀

均匀腐蚀是最"可接受"的腐蚀形式，通常通过使用化学品或者合理选材就可以预测和控制腐蚀。当均匀腐蚀发生时，阳极和阴极区域不断变化，导致所有区域均被均匀腐蚀。均匀腐蚀可以在实验室和现场进行评估和监测。其他形式的腐蚀很难预测，也很难在现场检测到。

局部腐蚀更危险，很容易导致金属早期失效。全部或绝大多数金属损失发生在离散的位置。点蚀是局部腐蚀的一种形式，若金属表面不均匀且存在杂质，或者金属表面涂层存在破裂，就会发生点蚀（孔蚀）。均匀腐蚀的诱导因素往往也可导致局部腐蚀。

缝隙腐蚀是点蚀的一种，通常是在螺母、螺栓或铆钉与正常金属表面接触时诱发的，是局部环境（已建立的局部腐蚀单元）之间存在微小差异的结果。硫化氢应力腐蚀通常发生在酸性溶液（二氧化碳）中。溶解硫化物促使形成腐蚀电池，进而产生硫化亚铁和氢。氢侵入金属，会导致金属延展性降低，同时在金属缺陷处产生很高的内部压力，热处理后的高强度钢或低合金钢易受影响。氢脆（金属像玻璃一样易碎）就是氢侵入的结果。光学显微镜和扫描电镜是研究裂纹现象的重要工具。

电偶腐蚀是不同金属浸入电解质的结果。两种金属的结合处会有电子流动，从而导致电化学点蚀。镍和其他耐腐蚀合金会增加钢的电偶腐蚀或脆性。液体流速越大，冲蚀腐蚀程度越严重,或者冲除金属表面的保护膜,或者对金属本身造成冲蚀伤害。即使以中等速度,砂粒或硫化亚铁也会引起冲蚀腐蚀。空化是一种特殊的破坏形式,它是由在水流低压区形成的气泡破裂而引起的。

2.10.6.3 腐蚀防护——非化学途径

腐蚀的防护措施是多种多样的,但在一定条件下,并非所有的防护措施都是有效地。这些措施包括工程解决方案、金属表面涂层、阴极保护和水处理。

对于大部分油田腐蚀环境来说,一般都可以选择到合适的耐腐蚀钢材,但通常会受到成本的限制。高铬钢(比如双相钢和超级双相钢)耐酸性气体,常用于高温高压装置。耐腐蚀金属现在更多地用于泵、仪表和辅助配件中。钛和蒙乃尔合金可抵抗盐水的腐蚀,常用于油田注水系统中。

油漆和镀锌是长期应用于减少腐蚀的涂料的材料。涂层阻止了腐蚀介质直接作用于金属表面。无机涂料(如搪瓷或者玻璃)耐腐蚀非常好,但受到其易碎性的制约,常常以水泥作为输水管线防腐涂料。有机涂料(油漆、漆和塑料制品)常常作为油管和油罐的防腐涂料。如果涂层受到破坏,金属表面任何缺陷或断裂都会暴露金属本体,导致严重的局部腐蚀(可能是严重的点蚀)。在油管中下入钢丝绳工具,涂层容易受到物理损伤。

阴极保护是在有腐蚀风险的金属表面施加电流,使整个表面变成阴极。在钢材外部建立一个特殊的阳极,这就确保了原来的钢表面完全变成阴极,包括钢材上以前的阳极区域。与金属连接的牺牲阳极也可以产生以上保护电流。牺牲阳极的材料选择是根据其与被保护材料的有效电位差决定的。保护材料的电位要比被保护材料的电位更低,例如牺牲阳极材料锌比铁的电位更低。阴极保护法常用于水下管线、舰船和近海设备的防腐保护中。

2.10.6.4 腐蚀防护——化学缓蚀剂

如果有可能通过物理工艺去除水中的主要腐蚀性物质,那么下游的腐蚀就会减少。缓蚀剂是一种可以减少环境对金属材料腐蚀速率的材料,其可以是无机材料、有机材料、聚合物、单一材料或者复合材料。钝化缓蚀剂(铬酸盐、钼酸盐、硅酸盐和磷酸盐等)可以在材料属表面形成一个稳定的防腐保护膜,使材料表面表现为阴极。它们不用于石油生产行业的内部表面保护,因为钝化缓蚀剂的腐蚀控制只有在其表面100%覆盖时才有可能进行。基于以上论述,以下将介绍两种缓蚀剂:除氧剂和除硫剂。

(1)除氧剂。

溶解氧可加快钢铁在盐水中的腐蚀。在21℃的条件下,低浓度的盐水含9mg/L的溶解氧。氧的浓度随盐浓度和温度的升高而降低。最常用的除氧剂有亚硫酸氢钠和亚硫酸铵,其经过化学反应形成稳定的硫酸盐:

$$O_2 + 2Na_2SO_3 \longrightarrow 2Na_2SO_4$$

在低温条件下,硫酸亚钠和氧气的反应速度很慢,所以通常需要添加催化剂。反应物的用量要求是每1mg/L的氧气需要8mg/L的亚硫酸盐。虽然钴、锰和铜都是很好的催化剂,但0.04%的钴的反应速率增长最快。由于铜会降低钢铁的氢过电压,因此铜不能作为钢材设备的催化剂。浓度为65%的亚硫酸氢铵,不需要催化剂。每60mg/L的亚硫酸氢铵可以清除9mg/L的氧气。但氧化剂会干扰这些反应。

（2）除硫剂。

生产井在生产过程中常常伴有高浓度或达到危险浓度的硫化物。产出液中经常含油硫离子。硫酸盐还原菌（SRB）也会产生硫化物，尤其是在注水作业中，优质生产井经常因产出硫化物的增加变成问题井。"硫化物"一词的使用意味着有三种水溶性形式：

（1）H_2S（在酸性或中性 pH 值环境下）；

（2）HS^-（在中性和碱性 pH 值环境下）；

（3）S^{2-}（碱性 pH 值环境下）。

图 2.47 反应了以上不同类别硫离子含量随 pH 值的变化特征。硫化物是原油和水中不需要的成分。原油中的硫化物往往会降低原油价格和炼厂的效率。硫化氢作为一种酸性气体是有毒的，而且会加速腐蚀过程。在酸性生产工艺的生产系统中，有专用设备用于抵抗硫化物的腐蚀性。

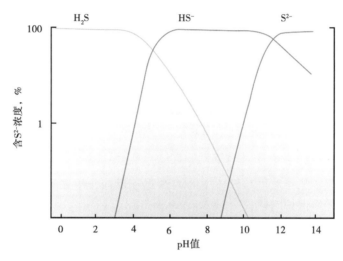

图 2.47　不同类别硫离子含量随 pH 值的变化特征

有效的化学缓蚀剂应该有以下作用：

（1）有效、彻底地清除有害硫化物；

（2）化学反应的次生物质应该是惰性的；

（3）在所有可能遇到的温度、压力、pH 值条件下以及其他化学添加剂存在时，能够表现出较好的防腐效果；

（4）无腐蚀性（化学反应产生的次生物质也必须是无腐蚀性的）；

（5）不危害工作人员的身体健康和安全，不污染环境；

（6）可以获得，且经济。

但是，没有一种单独的缓蚀剂能够满足以上全部性能要求，因此在实际选择缓蚀剂类型时就需要综合考虑，有一定的妥协。

氧化剂：氧化剂的化学反应式为

$$O_2 + 2H_2S \longrightarrow 2S + 2H_2O$$

绝大多数强氧化剂在技术层面是有效的，通常表现为反应迅速、可溶于水和反应不可逆。所有的氧化剂都对黑色冶金具有潜在的高度腐蚀性。过氧化氢和丁基过氧化物是常用的氧化剂。二氧化氯是一种强氧化剂，具有杀菌剂的优点，不会形成有害的副产品。亚氯酸钠溶液（pH 值>9）常常作为前置剂。二氧化氯和硫化氢的反应是迅速的，不可逆的：

$$5H_2S+8ClO_2+4H_2O \longrightarrow 5SO_4^{2-}+8Cl^-+18H^+$$

铁络合物：螯合铁产品已被用作可再生氧化剂，由于螯合剂的存在，避免了 FeS 或 Fe（OH）$_3$ 的析出：

$$Fe^{3+}EDTA+H_2S \longrightarrow S+Fe^{2+}DETA+H_2 \uparrow$$

此反应适用于的 pH 范围较大。

胺类：单一胺与硫化物（H$_2$S）发生可逆的化学反应生成酸和胺盐。乙醇胺被广泛应用于脱硫塔进行烟气脱硫。

醛类：H$_2$S 与醛通过 C$=$O 键发生可逆的化学反应，最常用的醛是甲醛。相比甲醛，乙二醛具有更好的脱硫效果。有时候也会使用戊二醛和丙烯醛来脱硫。但醛是有毒物质，而且其与 H$_2$S 的化学反应受到温度、离子强度和 pH 影响，因此醛脱硫工艺具有一定的局限性。丙烯醛是一种强烈的催泪剂。

固体沉淀脱硫材料：固体沉淀脱硫材料常用于 H$_2$S 洗涤塔中。海绵铁（固体）可能是最早的工业硫化物沉淀剂。这种材料是用氧化铁浸渍木屑制成的，主要用于钻井液中。

$$Fe（氧气）+H_2S \longrightarrow FeS+H_2S$$

接触罐中的锌化物悬浮液可与气体中的 H$_2$S 迅速反应，生成硫化锌沉淀物，在处理硫化锌废料时要注意环境保护问题。

$$ZnO+H_2S \longrightarrow ZnS+H_2O$$

有机缓蚀剂：有机缓蚀剂吸附在金属表面，替换出金属表面的水分，进而形成一个隔水保护层。有机缓蚀剂的防腐效率取决于除氧剂对体系先前的除氧效果。

含氮阳极型吸附缓蚀剂：含氮阳极型吸附缓蚀剂是多数油田缓蚀剂主要的活性组分，其终端胺基被质子化或者携带正电荷，这样使得其吸附在材料表面时表现为阳极。含氮阳极型吸附缓蚀剂分子的阳极部分吸附在钢材料表面的负离子区域，而其烃键则与原油接触，进而在金属表面和水之间形成一道屏障。相比水，缓蚀剂分子具有较低的相互作用能，因此缓蚀剂分子可以替换出已存在金属表面的所有水分子，如图 2.48 所示。

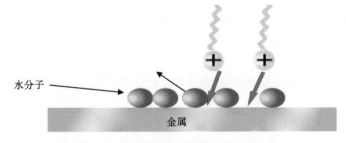

图 2.48　含氮阳极吸附缓蚀剂作用过程

含氮阳极型吸附缓蚀剂主要包括：

（1）脂肪胺其四种类型（R为长链烃）包括 R–NH_2（一元胺）、R_2·NH_2（二元胺）、R_3·N（三元胺）与（R_4·N）$^+$（四元胺）。

（2）酰胺和咪唑啉；

（3）乙氧基胺和乙氧基咪唑啉；

（4）羧酸—含氮碱盐；

（5）杂环族化合物。

作为缓蚀剂的组成部分，相比一元胺，二元胺（如 n-芳基-1，3-二氨基丙烷及其盐类）的使用更为普遍。

咪唑啉由多胺（通常是 DETA）与脂肪羧酸缩合而成。酰胺是由相同的成分在不同的反应条件下形成的。常用的脂肪族羧酸包括低成本的松油（C18+小松香）和油酸（C18 不饱和）。咪唑啉胺和酰胺被广泛用于油基分散缓蚀剂中。为了制备适用于水基的分散剂，咪唑啉和脂肪胺与乙酸或丙酸反应。通常键长越大，唑啉胺和一元胺的缓蚀效率越高。

由脂肪酸（松油、环烷酸、二聚体和三聚体酸）中和（脂肪）胺基而形成的盐，广泛应用于溶剂型制剂中，并在金属表面形成高持久性薄膜。在不连续加入缓蚀剂的条件下，缓蚀剂持久性是最重要的性能指标。有机缓蚀剂形成稳定的隔水层，原油中的一些烃类烃组分也会与缓蚀剂共同吸附，提高缓蚀效果。

无氮有机缓蚀剂：某种磷酸烷基酯被用于石油和凝析油生产过程中可防止二氧化碳的腐蚀。环烷酸由于其低毒性的特点已被用于原油生产系统中，但是环烷酸的吸附保护膜却很容易被水破坏。

2.10.6.5　有机缓蚀剂组成和性能

通常，缓蚀剂为流动性液体。缓蚀剂应该连续注入或者分批注入。缓蚀剂应是以水基或以溶剂为基液。水基缓蚀剂的主要组分包括：

（1）缓蚀剂基液，10%~30%；

（2）表面活性剂，0~2%；

（3）破乳剂，0~2%；

（4）无机增效剂，0~6%。

2.10.6.6　缓蚀剂的应用

（1）井下连续作业。

如果安装了井底注入阀，则可将环空替成缓蚀剂溶液，并用合适的泵补充缓蚀剂溶液，通过注入管线进行连续注入是提供可靠腐蚀控制的首选方法。其典型应用为：油井，25~1000mg/L（基于产水量）；气井，25~2000mg/L（基于产水量）。通过井底注入阀泵入缓蚀剂，缓蚀剂应该具有良好的长期稳定性，比如柴油。

（2）分批处理。

在油井或气井中分批加入缓蚀剂，需要使用经过计算的体积。要么只使用缓蚀剂，要么将缓蚀剂作为溶解质加入到溶剂或水中。在此之前，需要用冲洗液对油管或环空进行冲洗。对于没有安装封隔器的油井，可以让缓蚀剂在环空—油管—环空中循环，确保形成良好的缓蚀剂保护膜厚度。在气井中，将缓蚀剂泵入到油管中，然后关井24h，溶液在重力的作用下流动到井底。有液柱的油气井可能需要加重的缓蚀剂配方,典型的方式有:油井,500~5000mg/L 一周两次到一月一次;气井,5%~50%,稀释,每周一次到两个月一次。

(3)挤注处理。

挤注处理是通过高压泵将缓蚀剂溶液注入到油管中,然后再注入顶替液,这样缓蚀剂溶液就可以注入到地层中。缓蚀剂吸附在地层表面后,随着地层流体的产出,缓蚀剂被带入到井眼中。挤注处理的有效期远远高于分批处理。对于挤注作业,最关键的是确保缓蚀剂溶液不形成滤饼,否则会造成储层伤害。此外,还存在形成乳状液块的潜在风险。要解决上述问题,可以在柴油中加入 10%的缓蚀剂进行挤注,顶替液也用柴油。典型的挤注作业,每挤入 100bbl 的缓蚀剂就需要 500bbl 的顶替液。在挤注处理设计时和应用之前,需要考虑配伍性。

(4)全油管注入作业。

与挤注类似,这种方法也适用于存在地层伤害风险的情况。全油管注入作业将高浓度(10%)缓蚀剂加入到烃溶液或原油中,然后注入到生产管柱中。作业中,需要注入足够的缓蚀剂溶液进而充满整个油管,同时需要关井一定时间(1h),直到缓蚀剂被注入到指定位置。

2.10.6.7 缓蚀剂在生产管线和地面设备中的应用

对于地面设备,尽可能在上游设备中连续加入缓蚀剂,防腐效果最为明显。井口加入缓蚀剂是普遍现象。刚开始,为了形成良好的缓蚀薄膜覆盖范围,可能需要将缓蚀剂的剂量设置在高于正常需要的浓度。此后,根据流体的腐蚀性,需要再加入 2~100mg/L 的缓蚀剂。向输出管线中注入缓蚀剂是至关重要的。注入设备和计量泵可以为问题区域提供适量的化学缓蚀剂。此外,化学缓蚀剂必须能在金属表面尽快分散。

对于注水系统,无论是向地层注入流体还是进行废水处理,注入系统经常会受到水溶液的腐蚀。通过加入水溶性缓蚀剂,有时可以控制注水系统的腐蚀。Patton 对注水井的腐蚀控制进行了综述。如图 2.49 所示总结了生产系统中需要进行防腐处理的环节。

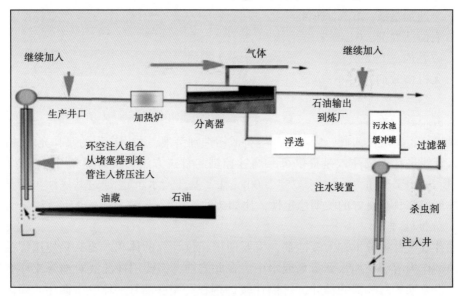

图 2.49 生产系统中需要进行防腐处理的环节

2.10.6.8　腐蚀监测

腐蚀监测的目的是获得有关腐蚀过程的资料，进而选择合适的防腐控制措施以及评估防腐效果。腐蚀监测的主要原因包括确保资产安全（经济原因）和人身安全（健康和安全原因）。腐蚀控制是指将腐蚀速率控制在经济合理的水平（考虑油田的盈利和设计寿命），同时将环境和安全风险降到最低。在可能的情况下，应该在早期阶段对设备进行腐蚀监测。无论是凭经验判断可能发生无法接受的腐蚀，还是对于发生腐蚀可能是危险或昂贵的所有关键区域，都需要安装在线腐蚀监测装置。腐蚀监测装置的位置和方向是非常重要的，如果分离的水是最具腐蚀性的介质，那么就需要进行管道底端监测；如果输气管线表面的蒸汽是主要的腐蚀剂，那么就需要进行管线顶面监测。一般来说，最好使用一种以上的腐蚀监测方法，因为不同的腐蚀形式对每种监测技术的反应不同。

（1）侵入式监测—直接监测腐蚀：直接向生产系统中插入腐蚀监测设备，提供关于腐蚀速率、金属渗漏或流体腐蚀性的直接信息，包括取样片（在线）测试短节、电阻探头（ER）、线性极化电阻探针（LPR）、内径测量器或智能清管器。

（2）侵入式监测—间接监测腐蚀：这些设备被插入到系统中，并提供有关系统腐蚀性的决策信息，包括氢探针（在线）、电流探头（在线）、电位测量仪。

（3）非侵入式监测—直接监测腐蚀：提供关于腐蚀速率、金属渗漏或流体腐蚀性的直接信息，但是监测设备不用插入生产系统中，方法有超声波法、射线显影法、测流监测器和温度记录法。

（4）非侵入式监测—间接监测：主要是数据分析，从中可以对系统腐蚀性作出评估，包括酸性检测；含氧量、铁离子含量与锰离子含量分析，流体组分分析，微生物评价，氢膜片监测和声发射检测。

2.10.7　微生物活性及管理

地层中和生产流体中的水会使微生物活动，尤其是硫酸盐还原菌的活动会导致油田生产中产生一系列问题：

（1）金属表面生物膜中的硫酸盐还原菌会导致金属硫化物膜的生成和腐蚀；

（2）注入水对储层造成伤害后，生产流体会产生酸。

在海洋石油工业中，由于硫酸盐还原细菌的活动而造成的腐蚀的实际成本是极难估计的，总体腐蚀的年度成本数字是天文数字。如果硫酸盐还原细菌只涉及成本的一小部分，那么所有这些细菌的活动显然会产生更加严重的经济影响。本节将回顾石油微生物学，并概述克服细菌生长的可能策略。适用于这些问题的具体措施将在腐蚀控制、注入水和采出水的其他章节中详细介绍。

2.10.7.1　硫酸盐还原菌

当前分类的硫酸盐还原菌在形态和生理机能方面都大不相同，它们的共同特征是只在严格无氧条件下生长且都能将硫酸盐还原为硫化物。

所有的硫酸盐还原菌都为厌氧菌，它们生长时不止要求无氧条件，而且还要求氧化还原电位在 100 mV 左右甚至更低。但是硫化物的产生决不仅仅局限于硫酸盐还原菌。

很多其他种类的细菌也可通过一系列途径将亚硫酸盐、硫代硫酸盐和单质硫（不包括硫酸盐）还原为硫化氢，如假单胞菌、黄单胞菌、醋酸杆菌和气单胞菌。这些微生物可能在工业水域中产生黏液，但目前还不知道它们的代谢过程会不会导致腐蚀。

将硫酸盐还原菌进行分类是很困难的，因为培养基中有许多杂乱分布的不纯物质。目前已鉴定出包括脱硫弧菌属、脱硫肠状菌属和脱硫单胞菌属等在内的 9 属 25 种硫酸盐还原菌，其中一些产芽孢，其余的则不产芽孢。

不同种类的硫酸盐还原菌虽然在生理和生态上有广泛的亲缘关系，但在传统的分类学意义上，它们在很大程度上是不相关的。它们广泛存在于水生和陆地环境中，特别是厌氧钻井液、咸水及海洋环境的沉积物中。它们可利用的有机碳源包括乳酸、丙酮酸、甘油、苹果酸、乙酸、丙酸、丁酸、芳香族化合物和乙醇。氢可为其提供电子。

最近提出的一种分类是根据硫酸盐还原菌的氧化能力和代谢能力，将其分为两类：第一类能将有限种类的碳源（如乳酸盐）部分氧化为醋酸盐；第二类则能利用更多种类的碳源，第二类又可以细分为部分氧化成醋酸盐以及彻底氧化成二氧化碳类。

2.10.7.2 硫酸盐还原菌介导腐蚀

由硫酸盐还原菌的活动所产生的腐蚀用具有如下三个特征：

（1）金属是点蚀而不是均匀腐蚀；

（2）铁和钢的腐蚀产物为黑色的硫化亚铁；

（3）只在无氧环境下产生。

在某些情况下，所需的无氧条件是通过在生物膜上覆盖好氧细菌去除氧气而产生的。硫酸盐还原菌从来没有在自然界的纯培养中发现，但总是与复杂的微生物群落相联系。此外硫酸盐还原菌介导腐蚀与其他非生物的腐蚀过程并不互相排斥，所提出的硫酸盐还原菌引起腐蚀的机理是建立在实验室研究的基础上的，这些实验室研究基本上是在纯培养条件下进行的，因此可能与自然界中实际运行的机理相去甚远。

在厌氧环境中，仅由硫酸盐还原菌介导的腐蚀发生在中性 pH 值附近、无氧环境，并且其主要的腐蚀产物为硫化亚铁。因此为了更好地说明厌氧腐蚀，就必须回答这两个问题：为什么没有氧就没有氢过电位和硫化物在腐蚀过程中起什么作用？

这些问题可用 von Wolzogen Kuhr 和 van der Vlugt 提出的机理来解释这一现象。

阳极反应：$4Fe \longrightarrow 4Fe^{2+} + 8e^-$

水的解离：$8H_2O \longrightarrow 8H^+ + 8OH^-$

阴极反应：$8e^- + 8H^+ \longrightarrow 8H$

阴极去极化：$SO_4^{2-} + 8H \longrightarrow S^{2-} + 4H_2O$

腐蚀产物：$Fe^{2+} + S^{2-} \longrightarrow FeS$

$$3Fe^{2+} + 6OH^- \longrightarrow 3Fe(OH)_2$$

总反应：$4Fe + SO_4^{2-} + 4H_2O \longrightarrow 3Fe(OH)_2 + FeS + 2OH^-$

硫酸盐还原菌利用了阴极的氢从而使阴极去极化，便产生了腐蚀。能够利用氢是由于其拥有氢化酶。后来的工作表明，根据氧化还原指示剂的减少判断，纯培养的脱硫弧菌属（氢化酶阳性）可以氧化阴极氢。而脱硫肠状菌属（氢化酶阴性）则完全是不活跃的。

硫化亚铁化学形态的改变会导致预测的腐蚀速率发生改变。实验室试验所得到的硫化亚铁薄膜的物理形态与连续相中铁的浓度有关。通常低浓度的亚铁离子会形成一层紧密附着的、坚硬的、具有保护性的硫化物薄膜，而高浓度的亚铁离子会形成一层絮凝性、腐蚀性的薄膜。

硫化亚铁作为钢材的阴极，可以通过吸附氢原子来使金属表面去极化。在无硫介质中以富马酸盐为电子受体培养出脱硫弧菌，脱硫弧菌在这些条件下对钢的去极化能力大大降低，表明了硫化亚铁阴极去极化定量的重要性。化学制备的硫化铁的加入量与腐蚀速率成正比。此外，将试样薄膜从垂直方向改为水平方向后，会发现腐蚀速率同样取决于硫化物与试样表面的接触程度。当试样水平安装好时，其腐蚀程度会更大。然而硫化亚铁并非永远是阴极，所以其高腐蚀速率的保持取决于是否除去了氢。这可能会通过氢化酶阳性细菌的活动来实现。

一些工程师仍然认为硫酸盐还原菌引起的阴极去极化是细菌腐蚀的原因。然而，现在普遍认为硫化物的生成对腐蚀影响更大。有人认为，在硫化物存在的情况下，原子氢转化为分子氢的反应可能受到阻碍。因此，在金属表面可能有原子氢的积累，导致氢渗透回钢中，这可能导致氢脆和应力腐蚀开裂。

其他的试验数据表明，由氢化酶造成的阴极去极化是整个试验中的一个步骤。假设阴极反应物不是硫化亚铁而是硫化氢，则

$$2H_2S + 2e^- \longrightarrow 2HS^- + H_2$$

氢化酶可能会通过除去氢分子来促使该反应向右进行，这就会进一步促进 HS^- 的生成，从而形成硫化亚铁并作为阴极。

学者们还假定了不涉及氢化酶或硫化物的其他机制。将金属试样浸泡在除去硫酸盐还原菌和硫化物的培养介质中，随后在观察到金属表面快速腐蚀。这意味着其中可能包含了一种腐蚀性代谢物，最可能的是具挥发性的含磷化合物，尽管还没有得到明确的鉴定。

文献报道在一些硫元素存在的情况下，可以看到点蚀。硫是一种强腐蚀介质，它可由硫化物经化学或生物方式氧化而成。据报道，只有溶解的硫才具有腐蚀性，因此提出的腐蚀机理是形成了浓差电池（类似于氧浓差电池）。硫磺颗粒与水反应将产生局部的低 pH 值区域，这可能就会造成高腐蚀速率。将金属箔浸入活性的硫酸盐还原菌培养液中，可以证明氧化形成硫化物膜的过程会加速腐蚀速率。一旦形成了硫化物薄膜，那么腐蚀速率就会相对较小。

这些观察结果与现场经验非常吻合，在严格的厌氧条件下发现了活跃的硫酸盐还原菌群，但几乎没有细菌介导腐蚀的证据。然而，在氧气进入的地方，局部的氧气浓度带来了极具腐蚀性的条件，造成了很高的腐蚀速率。因此可以得出结论：虽然硫酸盐还原菌介导的腐蚀是在无氧的条件下发生的，但氧在整个腐蚀过程中的作用可能是最重要的。

2.10.7.3 油田中的无氧腐蚀

通常实验室研究得到的腐蚀速率比现场上报的腐蚀速率低得多，正如前文中所讨论的那样，所有由硫酸盐还原菌造成的无氧腐蚀的假设机理都是基于纯培养的研究得到的。而且大多数的研究都是让细菌在连续相中处于浮游状态。近年来，研究人员越来越重视生物膜在细菌腐蚀中的作用。然而，在实验室中连续几天生产的生物膜可能不能代表几个月甚至几年才能生产出来的天然生物膜。

实践经验表明，有多种多样的微生物（主要是细菌）能在表面产生一层薄膜，称之为

生物膜，在海相系统中它会迅速地分布于金属表面。当金属表面裸露于海水中时，巨生物体，如海藻、藤壶等，也可能会有助于形成生物膜。因此，生物膜的厚度从几微米到几米不等。不仅现存的生物体存在异质性，生物膜的物理和化学性质（pH 值，Eh，营养水平）也存在非均质性。

在体相为好氧的系统中，金属表面形成生物膜可以使金属表面形成厌氧环境。当活跃的好氧微生物的耗氧速率大于氧气扩散进生物膜的速率时，就会形成无氧环境。此外，生物膜的非均质性可能导致生物膜在金属表面上发育程度的不同，在某些区域，可能不会形成生物膜，而其他区域则可能会形成有效的生物膜，因此会建立氧浓差电池。

无氧环境下的生物膜中，硫酸盐还原菌会随着硫化物的产生变得很活跃。硫化物可能会在表面的某些部位产生，或者可能形成一个完整的硫化物薄膜，这取决于生物膜的形成情况。因此所产生的硫化物的形式对随后的腐蚀很重要。

生物膜中可能会形成局部的 pH 浓度变化。生物膜中和金属表面上的氢离子浓度可能对调节生物膜中的细菌活性及调节腐蚀速率非常重要。因此，很明显，为了更好地理解硫酸盐还原细菌介导的腐蚀的机制，必须对自然的、未受干扰的生物膜进行检查。然而，现场监测几乎只限于对体相细菌的计数，通过监测金属表面生物膜中固有的细菌来实现精确评估一个系统中的细菌介导腐蚀的潜力，这一方法不应过分强调。

没有单一的机理能够完全解释现场看到的腐蚀速率。在大多数情况下，许多因素都会影响腐蚀的发生。然而影响硫酸盐还原菌介导腐蚀的最重要的因素可能是生物膜中产生的硫化物。

2.10.7.4 硫酸盐还原菌生态学

细菌的生态学是它们与环境的相互作用的学科，其包含了以下研究：

（1）允许或利于细菌活动和生长的环境条件；

（2）细菌的活动和生长对环境的影响；

（3）细菌与其他生物体的相互作用，便构成了生态系统。

生态学与细菌的分布不一定要一致。由于细菌具有休眠的能力，它们往往可以从栖息地分离出来。而这些栖息地似乎完全不适合它们，但对它们似乎没有任何影响。硫酸盐还原菌就是一个很好的例子，它们几乎是遍布各地，但是在生态学中却是有限的。硫酸盐还原菌已经被隔离在很多不同范围的环境中，包括表 2.6 所列出的部分。

表 2.6　硫酸盐还原菌环境

环　境			
土壤	油井	淡水	气井
海水	硫沉积物	淡盐水	河口软泥
承压水	污水	温泉	盐田
地热出口	腐蚀的铁	羊的瘤胃	昆虫内脏

这种广泛的环境意味着不利条件较多，但是硫酸盐还原菌已适应生长。

2.10.7.5 环境参数

（1）温度：被隔离的硫酸盐还原菌可以在极端温度下生长。嗜冷菌可在极限温度为

−5℃的深海沉积物中生长。嗜热菌能够在超过90℃的温泉和间歇泉中生长。北海的温度相当恒定，随季节在5~10℃变化。然而，在海上处理系统中，根据系统的不同，平台周围海水的温度可以变化到25℃甚至更高。注水系统通常包括用于冷却公用水的热交换器，其可能会将流经该系统的海水温度提高到20~30℃。与一般的化学反应一样，所有的生物活性都随着温度的升高而增加。

（2）压力：压力对细菌生长的影响可能取决于介质的物理化学性质和作用在细菌细胞上的机械力。在深海海沟中发现的海洋细菌显然在高于16000psi的压力下能够兴旺生长。这些嗜压细菌显然能够有效地抵抗高压的影响。压力超过15000psi时就会使正常的蛋白质和酶变性。油田系统中的这些嗜压或耐压硫酸盐还原菌株的活性将会在随后的章节中讨论。

（3）pH值：如前所述培养基的pH值对细菌的生长是很重要的。硫酸盐还原菌在pH值为6.5左右时生长最佳。在pH值为5~9.5时，通常可以观察到一系列硫酸盐还原菌的生长。海洋系统中海水的pH值变化范围很大，可能会对所有细菌的活性产生重要影响。

（4）渗透压力：硫酸盐还原菌可被隔离在渗透条件变化范围很大的淡水和高矿化度水中。一些脱硫弧菌能在10% NaCl的盐溶液中生长。可以看出，硫酸盐还原细菌已经适应了在比较大的温度、pH值和渗透压范围下生长。所以除了最常见的普通有氧环境外，硫酸盐还原菌将来可能会在地球几乎所有的自然环境中生长。它们要在低氧化还原电位条件下生长，这就限制了其在还原环境中的活性。不过已经发现了越来越多的还原环境，甚至在主要的有氧系统中，例如生物膜中也发现了还原环境。它们在这些环境中活跃及生长的能力以硫酸盐还原菌和环境中的其他细菌之间的营养互动为基础。

2.10.7.6　微生物群落中的硫酸盐还原菌

由于它们的生理特性，硫酸盐还原菌总是与微生物群相联系。在这些群落中，它们要依赖其他生物体来供给碳源并提供适当的生长环境条件，也就是无氧生活。在硫酸盐富集的环境中，这些群落通常包含三大类生物体的生命活动：

（1）需氧型、兼性厌氧型和厌氧型生物；

（2）产氢产乙酸菌；

（3）硫酸盐还原菌。

异养生物的活动会使环境发生许多改变。首先，好氧微生物的活动会逐渐降低氧气浓度，这就会在群落中产生厌氧带，其次，异养微生物能分解聚合材料并发酵水解产物。在缺氧的情况下，产醋酸菌能够利用发酵产物，例如脂肪酸和醇类，产生醋酸盐和氢，然后被硫酸盐还原菌所利用。中间的发酵产物主要为脂肪酸，它也可能被硫酸盐还原菌用作有机碳转化为二氧化碳的终端氧化剂。

在诸如淡水湖等低硫酸盐环境中，产甲烷的细菌进行终端氧化，会产生甲烷和CO_2。因此在硫酸盐富集的系统中会产生硫化物，而在硫酸盐含量较低的系统中会产生甲烷。由于在沉积物中产甲烷细菌活动，可以经常看到甲烷气泡从停滞的淡水池塘中上升到水面。

在所有的海洋系统中，与硫酸盐还原菌活动相关的问题是由微生物菌落的活动造成的，而硫酸盐还原菌是其中非常活跃的部分。许多控制自然平衡的复杂循环都包含硫酸盐的还原过程。

在海洋系统中，非常活跃的硫酸盐还原菌菌落中可能最常见的类型就是生物膜。生物膜可能存在于交界面或表面，例如管道壁、外部构件等。生物膜在细菌介导腐蚀的过程中非常重要。

2.10.7.7 硫酸盐还原菌的控制

为了安全有效地运行采油装置，必须控制细菌的生长。有许多不同类型的化学品对细菌都是有毒的，但其中的一些因毒性太大并不能被环境所接受。对于油田操作来说，抗菌剂的类型通常为氯、醛和季铵盐化合物。氯和产生氯的化学品包括氯气、次氯酸钠、氯胺、氯化奎尼丁和氯化磷酸钾。

氯能穿透存在酶系统的细胞壁，通过氧化酶上的—SH基团，就会阻止细胞的生命循环。这类化学品的优点是价格便宜、对多种微生物都有效，而且灭杀时间短；缺点是这类化学物质会氧化其他有机材料和添加剂，因此会破坏它们的作用，并且在它接触细菌之前就会将氯用完。另外，因其产生了酸性条件，会造成潜在的腐蚀问题。

可用的醛类包括甲醛和戊二醛，它们是通过穿透细胞壁与蛋白质的自由氨基反应来杀死细菌的。它们价格低廉、活性时间长，但有毒。

季铵盐化合物（QAC）的一般结构为 $R_3—N^+—CH_3Cl^-$，附着在氮上的烷基（R—）各不相同，其性能也可能不同。但通常是长链（$C_{12~16}$）赋予分子表面活性，通过改变长链可调整季铵盐化合物的溶解能力。氮上的正电荷给了分子一个正电荷，其可被吸引到带负电荷的表面。

人们对季铵盐化合物的作用模式知之甚少，尽管这种活性可能归因于这种化学物质的阳离子性质。这种阳离子可通过与细胞的磷脂发生反应而破坏细胞壁。

季铵盐化合物的优点是成本相对较低，而且只有吸附在表面时才会消耗，所以其在很长一段时间内都是有效的。需要仔细选择，以确保季铵盐化合物是稳定的，可以产生泡沫。当讨论SRB控制时，这些化合物的应用将有一些特殊的要求，即需要进行腐蚀控制和注入水的制备。

3 出砂油藏治理的基本原则

世界上超过70%的油气藏属于疏松地层（砂岩基质），这些油藏都很容易出砂。出砂会限制高产油气田的产量，同时导致边际油气田没有经济开采价值。

新的深水环境和北极地区的油气藏开发特点包括：

（1）水深超过3000m（10000ft）；

（2）墨西哥湾和几内亚湾海底浅层油气藏有厚盖层；

（3）距离陆地较远，需要进行海底油气开发、海底油气处理，或者进行海底管线回接，以连接中央平台的处理设施；

（4）环境复杂，主要特征为高温、高压，北极地区为高压与极端低温，地层出砂、出水。

在这样的深水和北极环境中，多相流体生产（天然气、石油和水）是不可避免的，而由于地层产出砂、水合物、水垢、蜡或沥青质、化学抑制剂等，多相流体的运输变得更加复杂。

出砂对油井的完整性和安全性造成了巨大挑战，限制了油气井的产量，影响采油安全，甚至造成油气井报废，因此出砂治理是石油工业的极大挑战。随着油藏开发的深入以及油井水窜和产水量的增加，地层出砂越来越严重。

对于已探明的成熟老油田和新区油田来说，最大的挑战包括：

（1）如何使单井及油田产能最大化；

（2）如何最大限度地减少油田运行成本、非生产时间，如何确保油田整个开发过程，即油气从井眼流至地面油气管线整个过程中流动的安全性和有效性。

因此，对于出砂油田的开发，主动防砂是非常重要的。

石油工程师要挑战越来越多的复杂油气井钻进和复杂油气田的开发，而大多数油气田容易发生出砂。因此，作为风险评估和开发效率预测的重要组成部分，有必要回答以下关键问题：

（1）油井是否已经出砂或者即将出砂？这需要研究储层的地质力学特征，以及其对油田生产和流动特征的影响规律。

（2）地层砂什么时候进入井眼？对应的出砂速率是多少？这需要地质力学方面的知识，以进行出砂预测。事实上岩石破碎并不意味着就会出砂，地层流体流动带动储层中砂粒流动才是出砂的最根本原因。因此，地层岩石为疏松岩石或者岩石已经破碎，油气井生产期间才会出砂。

（3）能否在不损害油井产量的前提下防止或者减少出砂量？如何有效管理出砂井？

（4）为何需要优化生产策略，以尽量减少出砂的影响？

（5）什么是地层颗粒—地层压力大小剖面？

（6）现在的孔隙压力和衰竭的孔隙压力剖面是什么？

（7）消除地层碎片和出砂的最佳方法是什么？针对生产管线和海底长回接管线，其多相出砂迁移以及清砂的方法是什么？

对于所有油气生产技术团队来说，开发出砂油田，特别是深水油田，面临的主要挑战有：

(1) 如何获得预测出砂量、出砂粒径分布，以及出砂颗粒从井眼到海底设备和平台设备中运移和产出的频率，进而为海底管线和海面设备设计提供依据；

(2) 如何优化钻井设计，以满足生产的目标；

(3) 如何使单井产能和油田开发效率最大化；

(4) 如何在有效控制出砂量和多相流体产出量的同时确保设备的完整性；

(5) 如何采用适合的防砂策略，并对合适的防砂方法（地面控制和地下控制）进行关键评估；

(6) 如何使出砂对油井设备和海底生产设备的危害最小化；

(7) 如何最大限度地减少油田运行成本、非生产时间，如何确保油田整个开发过程，即油气从井眼流动至地面油气管线这个过程中流动的安全性和有效性；

(8) 如何进行出砂废物处理，同时评估废料对环境的危害性。

有效的解决策略对油田和设备管理者提高干预和生产效率是至关重要的，这些都是通过连续过程优化、减少非生产时间和保障流动以降低每桶油的生产成本来实现的。这需要一套综合出砂管理策略（图3.1），包括：

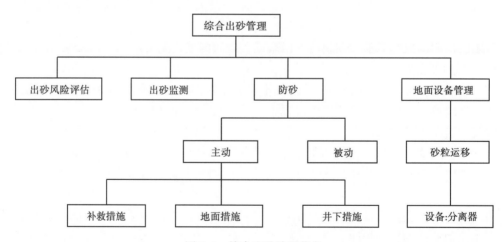

图 3.1　综合出砂治理节点

(1) 出砂速率预测见第 4 章。

(2) 制订出砂监测策略，并提供专门的油井服务，以尽量减少出砂的影响；部署适当的出砂监测设备，以监测地面出砂情况，提高井筒清理和试井作业的效率。第 5 章对此进行了详细的讨论。

(3) 地面和地下防砂方法见第 6 章。对于易出砂油井，采用地面防砂措施还是井下防砂措施直接影响着油井和设备的设计、建造和运行。保守的方式（采取防砂措施）带来较高的建井费用和较低的油井潜在风险，而冒险的方式（不采取防砂措施）带来较高的油气井运行成本、生产延期和不安全的生产环境。因此是否采取防砂措施可以使净现值（NPV）

波动超过 40%。

（4）多相出砂运移，尤其是在海底管柱和回接管线中。

（5）地面设备管理。

3.1　出砂原因

总的来说，出砂是由岩石强度和生产制度决定的。通常，出砂可归结于地层颗粒的储层特性，特别是岩石骨架中地层颗粒间的胶结强度，也就是所谓的自然因素。岩石破碎和相应的出砂可归结于低效的完井和开发方式，导致岩石破碎后发生运移和产出。

因此，影响出砂的因素包括：

（1）地层颗粒之间胶结物的成分；

（2）地层颗粒间摩擦力以及地层颗粒抗压强度，适当的抗压强度可以形成稳定的砂拱；

（3）液相润湿地层颗粒产生的内聚力（毛细管力）。

3.1.1　地层出砂的自然因素

对于完全疏松储层颗粒来说，几乎没有或者只有有限的颗粒胶结作用。地层颗粒主要靠渗透压力结合在一起。尼日尔三角洲 Agbada 和 Akata 地层以及墨西哥湾和几内亚海湾深水地层都属于这样的疏松储层。出砂通常是早期的、突发的和不可预知的。通过毛细管压力控制以减小对渗透压力的影响是一种延迟地层出砂的方式。

3.1.2　地层出砂的诱发原因

诱发地层出砂的因素包括低效的钻井、完井、开发和油藏管理方式，如：

（1）超过临界流量的开采速率导致岩石破碎和运移。

（2）可溶解地层颗粒之间胶结物的水产出，破坏了内聚渗透压。

（3）低效的钻井、完井、开发和油藏管理方式，包括：

①水平井着陆点、射孔深度接近油气界面或者油水界面；

②钻井、完井和修井引起的高表皮效应（机械或化学伤害）造成井筒附近出现较大的压降，并超过了岩石骨架的抗压强度；

③没有地质力学和岩石物理方面的知识储备；

④尤其在高温高压环境下，由于注水冷却导致岩石热破裂；

⑤由于反复开井和开井产生的循环载荷和冲击载荷。

3.2　出砂的危害

出砂的确会对油气开发的举升成本产生严重的影响，具体表现在：

（1）影响油井生产能力。由于地层出砂导致地层供油能力大大降低，同时海底管线、分离器和生产管线中的地层砂沉积也会导致生产能力下降。分离器中突然的砂堵意味着有效生产能力的降低，进而导致油井报废和经济损失。

（2）冲蚀导致井下完井工具、井口装备和油嘴发生破裂，海底设备被冲蚀并腐蚀。

（3）生产设备的工作效率降低，原因包括：

①管道和分离器中的砂粒堆集；

②在一级分离器中稳定的乳化液，加速了粉末状物质的聚集和沉降；

③地面设备的损坏。

（4）出砂导致注水油嘴受到严重冲蚀，严重影响采出水的再注入；应建立注入水过滤标准，避免颗粒堵塞油藏造成储层的高表皮效益。

3.3　综合出砂管理措施

综合出砂管理贯穿于油气生产的所有工艺过程中，比如进行地层出砂潜力预测，防止地层岩石破坏的现场措施，防止地层颗粒进入井筒的井下设备，优化油井生产能力的完井方式，出砂时间和出砂位置的检测工艺，平台甲板上的出砂处理设备，以及未来进行出砂补救的修井设备等。基于以上这些，有效的综合出砂管理策略需要考虑一系列的问题，出砂综合管理措施选择流程如图 3.2 所示。

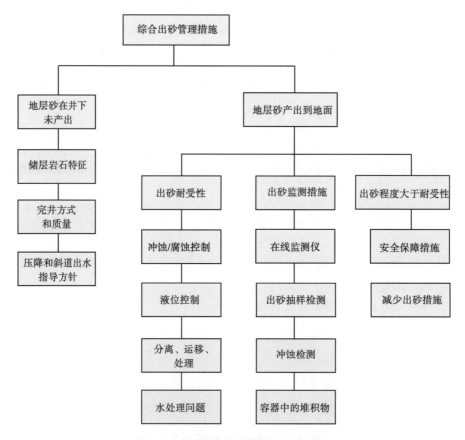

图 3.2　出砂综合管理措施选择流程图

通过综合出砂管理理念，油田完井工程师可以：

（1）评估将出砂推迟到生产井生产后期的范围（生命周期经济学）。

（2）通过估算岩石破碎的概率进而决定是否采取防砂措施。

（3）评估井下防砂需求，提供最合适的防砂措施。

（4）制订一些作业要求，如地面设备的耐砂性、冲蚀限制、出砂探测/监测要求等。

出砂需要系统主动防砂，这样才可以达到较好的治理效果。尽管考虑了现有出砂问题或最新进展，但由于对关键问题和挑战认识不清，也会很容易导致防砂失败。对于最新动态，其本质是最大限度降低出砂的风险，如果可能的话就彻底阻止出砂。综合出砂管理的主要内容有：

（1）钻井和完井质量；

（2）实时数据动态分析；

（3）出砂潜力评估；

（4）砂粒和出砂量监测；

（5）砂粒运移或地面设备管理；

（6）适当的防砂措施，包括地层颗粒粒径分析、安装策略、效果评价等。

出砂治理的关键问题和方法措施见表 3.1。

表 3.1　出砂治理的关键问题和方法措施

问　　题	方法/措施
（1）油井或油藏是否将要出砂 （2）出砂量、出砂时间、出砂位置	（1）出砂量化模型； （2）地质力学模型； （3）延长储层测试； （4）生产测井数据（PLT 数据）； （5）电缆测井数据（自然伽马、密度、烃、核磁共振等）
（1）投资方能够承受出砂的标准 （2）砂粒是否正在运移 （3）油井或油藏可承受多大的冲蚀 （4）出砂废物处理的监管措施	（1）运移模型； （2）冲蚀模型； （3）环境影响评估； （4）防砂措施； （5）完井方式/完井工具
出砂管理的方法	（1）定向射孔； （2）被动防砂措施，内容包括临界产量、堵水； （3）放大油嘴或关井； （4）地面措施； （5）地下措施
防砂措施	（1）防砂完井，如砾石充填，压裂充填，筛管等； （2）布井密度模型

对于现有的出砂问题和最新的出砂技术动态，都需要了解以下问题：

（1）无论油藏还是油井，都需要关注其提前出砂的时间和出砂量；

（2）如何使产量最大化；

（3）如何处理多相液体的产出；

（4）井下防砂还是地面防砂；

（5）完井工具的冲蚀、油嘴的冲蚀、管道设备的冲蚀等完整性问题；

（6）地面设备中的出砂管理；

(7) 产出水处理;

(8) 管道颗粒运移、清除;

(9) 乳化液、垢、水合物预测和治理;

(10) 固体颗粒和液体测试;

(11) 声波探砂器(ASD)、侵入式探砂器(ISD)或多相流流量计监测系统的使用(MFM);

(12) 出砂废物处理。

要回答以上问题,并得到恰当的解决方案,需要解决以下问题:

(1) 详细的储层描述;

(2) 综合考虑出砂量、地面防砂或井下防砂、对产能的影响、携砂效率的完井方式;

(3) 测井数据、生产测井数据、地层动态测试、油气井测试(中途测试、延长测试)等实时数据分析;

(4) 从PTV数据、地层动态测试数据和电缆测井数据获得油气含量;

(5) 从测井数据和岩石样品测试数据获得岩石物理特性;

(6) 从强度(单轴抗压强度和厚壁圆筒强度)、临界产量和临界生产压差等数据获得岩石地质力学特征;

(7) 油井质量和其对生产能力的影响。

出砂管理必须能够满足防砂的目的和有恰当的计划,主要可分为短期出砂管理计划、中期出砂管理计划和长期出砂管理计划。

3.3.1 短期治理措施

短期出砂治理措施主要包括:

(1) 调节油嘴大小;

(2) 岩石失效诊断;

(3) 基于地质力学,计算允许的生产压差,地层压力衰竭和临界产量;

(4) 无论是单一系统还是组合系统,部署适当的出砂检测设备,包括声波探砂器、侵入式探砂器、多相流量计,地面设备或采气管线中取砂样。

3.3.2 中期和长期治理措施

通过以下措施可以有效减少中期出砂带来的伤害。

(1) 通过回注质量较好的采出水维持地层压力。通过除油和过滤工艺清除采出水中的悬浮颗粒以保证采出水的注入和最大限度地降低储层伤害。

(2) 基于油井和地面设备的完整性,最大限度减少冲蚀或腐蚀对完井工具和地面设备的伤害。在油井生产后期,由于油井越来越老化,需要注意控制井的状态和制订适当的补救和缓解措施,具体见第6章防砂部分。

4 基于岩石物理和地质力学的出砂预测

出砂预测涉及到受损储层出砂倾向定量描述的整个过程。任何出砂预测都始于对岩石破坏时间的估算，并据此计算出砂数量。

出砂是油气行业所面临的主要问题之一，存在于全世界的碎屑沉积盆地，影响着数以千计的油气田。出砂具有突然性和不可预知性。随着油气井的生产，未胶结砂岩储层会大量出砂，并很快引发难以处理的问题。在这种情况下，需要采取防砂措施以保障油气井的继续生产。在多数胶结储层，出砂只会发生在油气井油嘴放大条件下，且在随后很长时间内保持无砂生产状态。然而，如果没有建立一个完整的出砂管理策略，胶结储层也可能出砂。

出砂管理就是要决定是否拒绝或接受出砂，这就需要深入认识出砂机理以及根据所采取的现场验证方法来预测出砂的临界条件。当作用在砂体上的流体拖拽力和相应的流动压降大于地层强度时，将会发生出砂。地层局部坍塌和砂粒将会被带入井筒。对于大多数老油田，水侵也会加剧地层出砂。水侵破坏了受损砂岩碎片的毛细管内聚力，砂岩丧失了完整性。因此，在脆性砂岩储层，水侵通常会引起瞬态砂。在几乎所有的未胶结砂岩储层，水侵都会造成遭难性后果。

出砂不仅会对石油工业产生安全危害，也会造成经济损失。出砂管理需要准确认识"储层岩石破坏条件""储层岩石破坏时间"和"储层出砂数量"，一般称之为出砂预测。出砂预测是综合出砂管理策略的一部分，涉及岩石破坏风险评价。为了准确预测岩石破坏和最终出砂，砂体上任一点的强度需要与全生命周期内的有效应力进行对比，故岩石强度需连同有效应力进行估算。当岩石有效应力超过其强度时，岩石破坏，地层开始出砂。

出砂预测就是结合地质力学和出砂评价模型来确定给定流动和生产压差条件下的出砂风险，而临界生产压差即允许油气井无砂生产。这些模型是在储层生命周期内油田开发和有效出砂管理与控制策略的主要工具。

一些关键数据，包括岩石强度、孔隙压力和原地应力，需要创建并融入出砂评价地质力学模型中。岩石强度反映了岩石抵抗井筒或孔眼周围应力的能力。井筒应力模型主要输入参数为孔隙压力和储层远场（原地）总应力，其中总应力包括垂向应力、最大水平应力、最小水平应力以及应力方位。在多孔储层岩石中，储层有效应力对于出砂评价很重要，确定有效应力需要知道总应力、储层孔隙压力和多孔弹性因子。利用原始的和预测的地层压力来计算有效应力的增加量，将会增加岩石所能承受的有效偏应力。

钻井施工报告、完井数据、测井数据、成像数据、井斜参数、中途测试报告、岩心数据都被用来创建并融入目的层段的地质力学模型中，并校正和测试出砂预测模型。地质力学评价的成功率和精度主要取决于所收集数据的数量和质量。必须认识到数据质量对于预测的重要性，并且必须根据数据的不确定性采取务实的办法。

多孔岩石对应力变化的力学响应主要受控于其弹性模量和强度，这些参数又称为岩石的力学性能。根据载荷的类型（大小和持续时间），岩石的力学性能又可分成静态和动态两种。一般来说，静态力学性能可通过实验获得，但该方法成本较高，且经常出现无岩样可用。此外,由于岩心的损伤效应,岩心测试结果并不可靠,这是由取心过程中表面原地应力释放所致。因此,利用测井数据来预测力学性能更为有效。由于测井主要在储层段进行,利用测井数据来预测力学性能还有其他好处。如岩石力学性能随井深连续描述,比取心经济且适用于大部分老井。这两种方法可为典型出砂预测提供强度数据。但基于这两种方法得到的结果都是静态的,只能单次预测出砂风险,通常为钻井期间。然而,出砂是一个瞬态过程,这就需要把时间变量引入到出砂预测模型中。而且静态模型无法定量描述初始条件或时间变化下的出砂。因此,建立一个实时定量预测出砂的动态模型十分必要,且适用于从钻前到油气井生产及报废整个周期。本章将就全生命周期的出砂预测予以阐述。

综合出砂管理理念就是对每口井进行出砂预测,并确定地层岩石破坏时间以及延缓地层出砂。此外,已有的出砂监测/探测系统对储层出砂的不准确测量将危害到现有综合出砂管理策略,这是由地面和井下出砂监测/探测系统缺乏准确性所致。这些系统已经引入的误差,来源于实际出砂体积和地面或海底出砂测量体积的差值。这些差值归因于液流水动力不能把砂粒携带至地表。

针对潜在出砂储层开发,综合出砂管理策略第一步是确定是否存在出砂风险,这是最简单的出砂预测方法。相当多的出砂预测和控制方法已经形成,这些方法基于4项原理。

(1)现场观察,包括:

①测试。测试包括中途测试(DST)和试井。最常用的工艺就是连续流动测试,在测试中不断增加生产速率直至观察到出砂现象。

②测量。通过工艺设备来测量实际出砂量,最常用的测量设备是出砂探测器/监测器。同样也可以利用分离器对出砂量进行周期性测量,这样的结果更可靠。

(2)室内实验。该方法主要是测量岩芯的强度。典型的室内测试包括厚壁圆筒、巴西拉伸、布氏硬度、无侧限抗压测试等。

(3)经验法则。该方法基于区域性实验。许多经验法则依靠声波测井数据来给出岩石胶结状况。

(4)理论建模。早期的出砂预测方法依靠测井数据来确定岩石强度和出砂风险,而所用的大多数方法都是以线性或弹性模型为基础。近几年来,这些出砂预测方法已变得更加复杂,一些方法需要用有限元来进行准确模拟计算。然而,这些模型简化了岩石破坏准则,且未考虑破坏包络线随井下条件变化。

4.1 出砂速率预测机理和方法

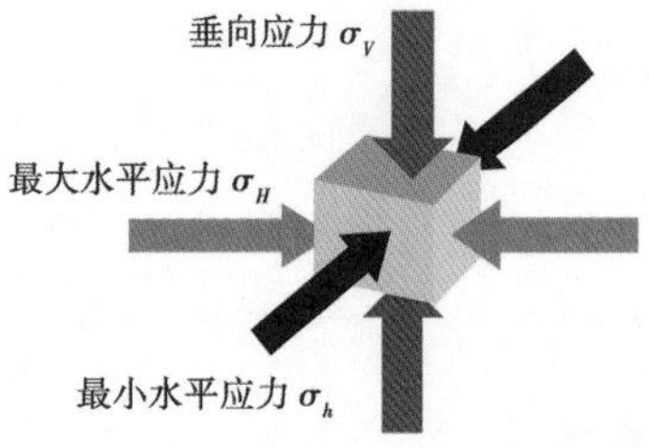

图 4.1 岩石原地主应力示意图
(来源:Moriwowon[7])

出砂不仅会对石油工业产生安全危害,也会造成经济损失。出砂管理需要准确认识"储层岩石破坏条件""储层岩石破坏时间"和"储层出砂数量",一般称之为出砂预测。出砂预测是综合出砂管理策略的一部分,涉及到岩石破坏风险评价。为了准确预测岩石破坏和最终出砂,砂体上任一点的强度需要与全生命周期内的有效应力进行对比,故岩石强度需连同有效应力进行估算。当岩石有效应力超过其强度时,岩石破坏,地层开始出砂。如图 4.1 所示，这些应力一般称为垂向或上覆岩石应力，最小水平应力和最大水平应力。这些主应力会影响岩石强度。常用的岩石破坏室内实验测量的岩石强度为无侧限抗压强度（UCS）。利用这种测量方法，很容易定义岩石破坏。另一种方法为空心圆筒或厚壁圆筒（TWC）测试。

地下原地应力的大小和方向是油气行业比较关心的，特别是在岩石破坏领域。岩石破坏会导致出砂、井壁失稳等不良后果。

在油田生产过程中，储层压力会发生衰减，而衰减是由生产流体所致，这些都会对原地主应力的大小产生很大影响。压力衰减会使得有效原地应力增大。上覆岩石应力保持不变，这就意味着有效垂向应力会增加，而两个水平原地应力将减小，导致有效水平原地应力增大，并使得地层强度降低。

$$\sigma = \sigma_{eff} + \alpha p \tag{4.1}$$

式中　σ——总应力；

　　　σ_{eff}——有效应力；

　　　p——孔隙压力；

　　　α——比奥特（Biot）系数。

孔隙压力的衰减是不可避免的，从而井筒周围岩石原地应力增加，这是由于岩石颗粒承担了之前孔隙压力所承担的载荷。通过典型强度准则（如摩尔—库仑破坏准则）可更好地解释原地应力与强度的关系。在摩尔—库仑破坏准则中，破坏是由 σ_1 和 σ_3 的差值所致，该差值称为偏应力。偏应力越高，岩石发生破坏的可能性越大。修改摩尔—库仑破坏准以考虑无侧限抗压强度的影响，见式（4.2）。若已知最小水平原地应力，则可计算出破坏前最大水平剪切应力的极值。

$$\sigma_{ucs} = 2C \tan\beta \tag{4.2}$$

式中　σ_{ucs}——无侧限抗压强度；

　　　β——剪切破坏平面与最小应力方向的夹角；

　　　C——内聚力。

由于烃的形成或运移，地层孔隙压力也可能增加，通常发生在烃源岩和超压储层中。而另一种增加孔隙压力的方法是注水，如 OMEGA 油田。孔隙压力增加和垂向有效应力减小效果相同。因此，也会导致水平有效应力的减小。随着地层压力的增加，垂直和水平有效应力会减小。有效应力比随孔隙压力增加而增加，现实中会受限于岩石的屈服包络线。然而，如果开始生产油气，孔隙压力就会下降，效果等同于增加垂向有效应力。同时水平有效应力也会增加。增加垂向和水平应力会导致岩石失稳，并最终造成出砂。

任何出砂预测都始于对岩石破坏时间的估算，而出砂预测最重要的参数是孔隙度。岩石破坏的最终后果就是出砂，而砂破坏并不代表出砂。拉力会使岩石颗粒从基岩分离，该力通常由流体类型和流速决定。此外，水侵会降低岩石颗粒的内聚力，从而加速出砂。因此，出砂之前必然会发生岩石破坏。

4.2　基于破坏趋势的砂分类

通过分析地层样品，工程师可以更好地评估出砂的可能性。砂的分类方法很多，每一种方法都会研究具体的特点，如沉积环境、化学组成、颗粒尺寸等。野外地质家会根据视觉和手工测试对岩石进行分类。为了减小对油气井模拟工程设计的主观判断，选择布氏硬度（BHN）来划分岩石种类。硬度测试可用来快速描述材料（岩石）的力学特性。布氏硬度可当成指数特性，并通过关联手工检查来形成岩石分类表。布氏硬度数无法用简单的手段建立与其他弹性和塑性参数的关系，但布氏硬度参数可用于描述强度沿岩心变化。相较于其他测试方法，该方法具有时效性和经济性。砂的分类体系见表 4.1。

表 4.1　砂分类体系（来源：Moriwawon）

类型	BHN, kg/mm^2	地质等效
未胶结	<2	无胶结材料
疏松	2~5	容易被手指压碎
脆性	5~10	手指间摩擦时，碎片会碎
胶结	10~30	只能用钳子压碎成块
硬	>30	
低强度	30~50	无法用钳子压碎成块
中强度	50~125	
高强度	>125	

其他分类会提供胶结强度，用来描述岩样解体成单个颗粒所增加的难度。岩石分类见表 4.2，砂胶结分类见表 4.3。由于严重出砂主要与表 4.2 和表 4.3 的前三个胶结分类有关，故详细讨论它们很重要。不同的描述性术语也列举在分类表中。

表 4.2　完整的岩心分类

岩石类型		
按颗粒大小分类		按组成分类
未胶结	胶结	石英砂岩，石英含量大于 95%
砾石	砾岩	长石砂岩，长石含量为 5%~25%
粗砂	角砾岩	长石石英砂岩，长石含量大于 25%
砂	砂岩	次生岩屑砂岩，岩屑含量为 5%~25%
粉砂	粉砂岩	岩屑砂岩，岩屑含量大于 25%
黏土	页岩	

表 4.3　砂胶结分类[7]

类型	岩样描述
未胶结	在烃运移之前或之后，岩样分解成单个颗粒
轻度胶结	依靠指间摩擦可把岩样分解成单个颗粒
中度胶结	指间强烈摩擦使岩样分解
比较好胶结	指间强烈摩擦无法使岩样分解，钳子使岩样分解成单个颗粒以及含有几个颗粒的小块
良好胶结	钳子很难把岩样分解成含有几个颗粒的块
非常好胶结	钳子无法分解岩样，锤子可把岩样分解成块；块破坏贯穿整个颗粒

4.2.1　未胶结砂岩（BHN<2kg/mm²）

大多数出砂发生在相对较浅（<8000ft）、新的（中新世—现在）和未胶结地层。未胶结砂岩根据其天然聚合程度可分为游离砂和有一定强度的未胶结砂岩。

游离砂的内聚力或压实作用较小，若不能很好控制流动压降，就很难钻穿这类地层。因为砂会一直垮塌，并进入井筒，直到形成滤饼并提供水力支撑。这种地层，一投入生产，地层就会出砂，砂会随着油、水或气体一起流动。由于内聚力较弱，天然砂拱会立即坍塌。为了使这类地层顺利生产，必须采取防砂措施。

油气井生产过程中来自地层的游离砂浓度相对稳定，利用落砂测试或出砂监测设备都能测量出砂浓度。即便安装了防砂设备，通常也很难使这种类型的砂长时间不进入井眼。要获取游离砂样品必须采用专用取心工具，要进行砾石充填也必须采用专用的砾石充填程序。

有一定强度的未胶结砂岩是由于地应力随深度的增加而形成的，地应力的增加使坚硬的未胶结砂岩由于内摩擦而具有一定程度的天然内聚力。在钻井、完井或生产作业期间，甚至是斜井中，只要井眼在这段时间内保持开敞状态，砂很容易被冲洗掉。该类砂很难进行常规取心。若泵速可控，橡胶套筒取心有时能够成功。在该地层，有时会采用射孔完井，如果生产流体的黏度较高（如加利福尼亚稠油）或发生水窜时，就会严重出砂。若不采取防砂措施，可能会连续出砂。而砂浓度则是生产速率和生产压差的函数。在许多墨西哥湾油田就有典型的坚硬的未胶结砂。

4.2.2　疏松砂岩（BHN=2~5kg/mm²）——轻度胶结

疏松砂岩含有一些粘合剂但其无侧限抗压强度较低。该类砂岩的岩心有时可以利用常规岩心筒获得，但很容易弄碎，而橡胶筒取心则是首选。裸眼完井也有可能采用，但井眼趋向于坍塌，而当生产条件变化时可能发生砂堵。类似地，射孔完井最初是稳定的，但随着条件变化，特别是生产速率发生突变后，孔眼或口袋间歇性坍塌，使得砂块进入井筒，可能会填满井底口袋或在油管内形成桥塞。对生产流体中的含砂量分析表明，随着零星出砂，产液中的含砂量每天都有很大变化。

在出砂点附近未经抑制的页岩和黏土层可能坍塌并形成砂质页岩和黏土的混合物，他们很难从套管后面移除。在这种情况下，任何后续的防砂措施都会影响产量，这是由井筒周围黏土、页岩和砂的低渗透率所致。当出砂足以使上覆岩层发生移动，疏松砂地层连续出砂会导致套管挤扁。

4.2.3　脆性砂岩（BHN=5~10kg/mm²）——中度胶结

第三类令人讨厌的砂岩是脆性砂岩，该类砂岩胶结良好且容易取心。岩心看起来很牢固，且无法看出存在出砂问题。然而，在颗粒间应力、冲蚀和饱和度变化的共同作用下，胶结可能会发生破坏并导致出砂。脆性砂岩地层出砂通常发生在完井几天或几周之后，然后出砂会减小或停止。随着孔隙压力的大幅减小或大量水侵，特别是高生产速率在近井筒区域产生显著紊流的条件下，可能再次出砂。然而，破坏后的地层重新稳定极难预测。

4.2.4　胶结砂岩（BHN=10~30kg/mm²）——良好胶结

该类砂岩包括了良好胶结的砂岩。在洗井、开大油嘴、酸化增产等作业之后，可能会短暂出砂。另外，在巨大的压力衰减发生之后一段时间内，间断或连续出砂的可能性很低。上述分类的划分行为有时是武断的，但它表明了出砂的可能性减小。

4.3　地质力学模型

下列岩石性能参数通常需要融入到地质力学模型中：

（1）无侧限抗压强度（UCS 或 C_0）；

（2）厚壁圆筒强度（TWC）；

（3）黏聚力（S_0）；

（4）内摩擦角（θ）；

（5）静态杨氏模量（E）；

（6）静态泊松比（v）；

（7）比奥特多孔弹性系数（α）。

一些人认为直接的和决定性的数据只能通过岩心岩石力学实验获得。但是取心一般不具有连续性，其质量很差，有时甚至无法获得，导致岩石强度数据覆盖范围存在先天缺陷。因此，当测井数据与岩心数据相矛盾时，一般根据校正后的测井指标来评价储层岩石强度。

4.3.1　原地应力

了解初始原地主应力的方向和大小对评价岩石破坏是必不可少的。事实上，这也是研究任何地质力学模型的出发点。垂向应力（也称上覆岩层应力）、最大水平应力、最小水平应力起源于重力载荷和地质构造。这些原地应力的大小和方向取决于地质构造条件。这些构造条件与起作用的断层类型直接相关。根据安德生分类法，存在正断层、逆断层和走滑断层或平移断层三种断层。

这些主应力主要影响岩石破坏。常用的岩石破坏室内实验测量的岩石强度为无侧限抗压强度（UCS）。利用这种测量方法，很容易定义岩石破坏。

地下原地应力的大小和方向是油气行业比较关心的，特别是在岩石破坏领域。岩石破坏会导致出砂、井壁失稳等不良后果。

主应力方向的确定方法有利用四臂井径仪数据，或井眼成像工具，通过钻孔崩落或钻井诱导的井壁拉伸裂缝方向的一致性来追踪应力方向。裂缝沿垂直于最小水平应力方向延伸。因此，最小水平应力与井壁崩落的方向平行。虽然这些方法并不能直接确定应力的大小，但可以用来估算应力值的上限和下限。基于岩心的测量方法包括非弹性应变恢复法（ASR）、差应变分析（DSA）和声发射法（测量应力释放所诱发波速的各向异性以及重载期间的各向异性变化）。这些方法都需要定向取心或古地磁定向，但目前都无法对应力大小进行可靠估算。为了获取应力大小的信息，这些技术要求对岩石的结构性质和取心的影响规律有很好的认识。

目前最可靠的原地应力确定方法是通过上覆岩层平均密度来计算垂向应力，利用水力压裂测试中的裂缝闭合压力来估算最小水平应力。一个标准的漏失测试通常无法获得好的结果，即使按照上述建议所进行的更精细测试，其可靠性取决于测量方法（所选择的井下传感器）和解释水平（如何从压力曲线上选择闭合压力）。一般利用破裂压力来估算最大水平主应力，但该方法的可靠性没有得到普遍接受。

4.3.2　最小水平原地应力估算方法[7]

在一些施工中，利用延伸的漏失测试数据推断出原地最小水平应力，水平应力大小在不同岩性中差别会很大。因此，确保页岩或泥岩不被假设成砂岩或石灰岩岩性来确定其总应力很重要。一些方法用来估算页岩应力的效果很好，如漏失测试［（LOT（漏失测试）、MLOT（修正的漏失测试）和 ELOT（延伸漏失测试）］。然而，这些测试一般不在储层段进行。相反，小型压裂和微压裂测试通常在储层段进行并能获得好的应力数据。

大多数研究集中在用被动盆地方法来估算应力，而区域对比使该方法得以运用。尽管大多数钻过的地区有问题且与被动盆地方法不一致，但这些方法主要依靠漏失测试现场数据，即假定漏失试验测量最小水平应力，事实上这并不准确。漏失试验表明该压力值介于最小水平应力和上覆岩层垂向应力之间。在某一地区，多次进行直井漏失下限测试，确实给出了页岩最小水平应力的近似值。如图4.2所示为漏失测试曲线。

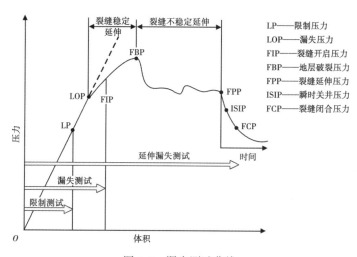

图 4.2　漏失测试曲线

漏失压力（LOP）表示压力积累过程中的拐点，意味着开始产生裂缝。在多数情况下，由于钻井液滤液对裂缝的封堵，使得测试压力继续增加并超过漏失压力，此阶段为裂缝稳定延伸阶段。地层破裂压力始于裂缝不稳定延伸，并随裂缝延伸而减小。最小原地应力等于裂缝闭合压力，并可通过后续关井后的压力衰减规律推断。

表4.4给出了最小水平原地应力的不同估算方法及其详细的方程。

表4.4　常用的最小主应力估算方法

技术	方法	作者	应用
区域相关性	漏失测试和小型压裂数据	Breckels 和 van Eekelen.	页岩和泥岩
	基于被动盆地法	Mathews 和 Kelly, Eaton, Pilkington	墨西哥湾
		Eaton 和 Eaton	墨西哥湾深海
经验方法	Holbrook 方法	Holbrook	墨西哥湾页岩

技术	方法	作者	应用
理论模型	被动盆地法—弹性	Hubbert 和 Willis	
		Anderson 等	
	基于介电常数测试—被动盆地	Heidug 等	页岩和泥岩
	Daines 方法	Daines	
室内岩心测试	应变松弛、非弹性应变恢复和差应变曲线分析	Ren 和 Roegiers Voight	储层
现场测试	漏失测试		页岩和泥岩
	修正的漏失测试		页岩和泥岩
	延伸的漏失测试	Kunze 和 Steiger	页岩和泥岩
	小型压裂	De Bree 和 Walters	储层
	微压裂	Thiercelin 和 Plumb	储层

4.3.2.1　Breckels 和 van Eekelen 模型

从某种意义上讲，利用任一种理论模型都可直接预测最小水平原地应力，并把最小水平原地应力与一些其他参数简单关联，如井深。该方法试图确定真实的最小应力而不是漏失压力。井深单位为 m，压力单位为 psi，p 为孔隙压力，p_N 为该深度处的正压力，TVD 为垂深。

美国墨西哥湾（也适用于几内亚湾）：

当 TVD≤11500ft 时

$$\sigma_h = 0.197TVD^{1.145} + 0.46(p - p_N) \tag{4.3}$$

当 TVD>11500ft 时

$$\sigma_h = 0.197TVD\ 1.145 + 0.46(p - p_N) \tag{4.4}$$

正常压力梯度为 0.465psi/ft。

委内瑞拉：

当 5900ft<TVD<9200ft 时

$$\sigma_h = 0.210TVD^{1.145} + 0.56(p - p_N) \tag{4.5}$$

正常压力梯度为 0.433psi/ft。

文莱：

当 TVD<11500ft 时

$$\sigma_h = 0.227TVD^{1.145} + 0.49(p - p_N) \tag{4.6}$$

正常压力梯度为 0.433psi/ft。

4.3.2.2　Mathews 和 Kelly 模型

Mathews 和 Kelly（1967）假定 K（矩阵应力系数）为有效垂向应力的函数。

$$\sigma_V' = \sigma_V - p_N = TVD - 0.465TVD = 0.535TVD \ (psi) \tag{4.7}$$

式中　σ'_V，σ_V——分别为有效应力和总上覆岩层应力；

　　　p_N——给定深度处的正常孔隙压力。

任意深度处 K 的计算方法为：

（1）计算给定深度处的孔隙压力；

（2）利用 1psi/ft 上覆岩层应力梯度来确定有效应力 σ'_V；

（3）利用式（4.6）来计算正常有效应力下的等效垂深 TVD_N。

$$\text{TVD}_\text{N} = \frac{\sigma'_\text{V}}{0.535} \tag{4.8}$$

通过合适的标准趋势线来选择给定深度处的应力比。如图 4.3 所示为用图表描述确定 K 的过程。

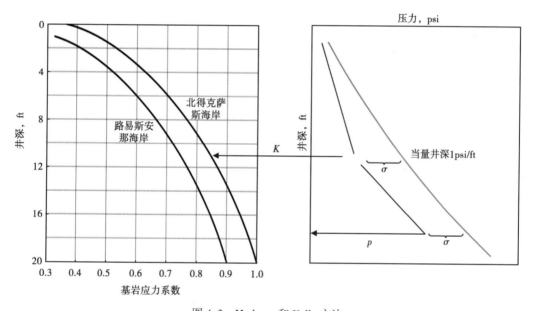

图 4.3　Mathews 和 Kelly 方法

4.3.2.3　Eaton 模型

为了使用 Eaton 方法，通过漏失测试获得的假想泊松比 ν（泊松比与线性多孔弹性无关）用来计算 K：

$$K = \frac{\nu}{1-\nu} \tag{4.9}$$

式中　K——矩阵应力系数。

假定 K 为垂直有效应力的函数，首先尽可能多地获取漏失测试点，然后建立 ν 与井深的关系。然而，当缺少漏失测试数据时，Eaton 提出了两个关于 ν 的分析关系式，ν 泥线以下地层深度（TVD_BML）的函数。

墨西哥湾:

当 $0 \leqslant \mathrm{TVD_{BML}} \leqslant 4999.9 \mathrm{ft}$

$$\nu = -7.5 \times 10^{-9} \times \mathrm{TVD_{BML}}^2 + 8.0214286 \times 10^{-5} \times \mathrm{TVD_{BML}} + 0.2007142857 \quad (4.10)$$

当 $5000 \mathrm{ft} \leqslant \mathrm{TVD_{BML}}$

$$\nu = -1.7728 \times 10^{-10} \times \mathrm{TVD_{BML}}^2 + 9.4748424 \times 10^{-6} \times \mathrm{TVD_{BML}} + 0.3724340861 \quad (4.11)$$

墨西哥湾深水区:

当 $0 \leqslant \mathrm{TVD_{BML}} \leqslant 4999.9 \mathrm{ft}$

$$\nu = -6.089286 \times 10^{-9} \times \mathrm{TVD_{BML}}^2 + 5.7875 \times 10^{-5} \times \mathrm{TVD_{BML}} + 0.3124642857 \quad (4.12)$$

当 $5000 \mathrm{ft} \leqslant \mathrm{TVD_{BML}}$

$$\nu = -1.882 \times 10^{-10} \times \mathrm{TVD_{BML}}^2 + 7.2947129 \times 10^{-6} \times \mathrm{TVD_{BML}} + 0.4260341387$$
$$(4.13)$$

4.3.2.4 Pilkington 模型

基于 Matthews 和 Kelly 等人的混合模型获得的应力比,Pilkington (1978) 给出了 Tertiary 盆地的平均应力比表达式:

$$K_{\mathrm{Orig}}(1 - 0.465)\mathrm{TVD} = K_{\mathrm{New}}(\mathrm{OBG} - 0.465)\mathrm{TVD} \quad (4.14)$$

或

$$K_{\mathrm{New}} = K_{\mathrm{Orig}} \frac{0.535}{\mathrm{OBG} - 0.465} \quad (4.15)$$

式中 K_{Orig} ——某一深度处原始地应力比;

K_{New} ——某一深度新地应力比;

OBG——上覆岩层应力梯度,可通过 Eaton 的上覆岩层应力关系计算。

Pilkington 进一步研究发现平均有效应力比分布可以表示成上覆岩层压力梯度的函数关系式:

当 OBG (上覆岩层压力梯度) $\leqslant 0.94$:

$$K = 3.9 \times \mathrm{OBG} - 2.88 \quad (4.16)$$

当 OBG (上覆岩层压力梯度) > 0.94:

$$K = 3.2 \times \mathrm{OBG} - 2.224 \quad (4.17)$$

4.3.2.5 Holbrook,Maggiori 和 Hensley 模型

Holbrook,Maggiori 和 Hensley (1995) 假定 K 与孔隙度 ϕ 可用如下关系式表示:

$$K = 1 - \phi \quad (4.18)$$

4.3.2.6 Hubbert 和 Willis 模型

Hubbert 和 Willis 对 K 表示如下:

$$K = \frac{(1 - \sin\theta)}{(1 + \sin\theta)} \quad (4.19)$$

式中 θ——岩石的内摩擦角。

在本书中，他们假定 $\theta = 30°$，由此可计算出 $K = 0.33$。由方程（4.19）所得到的应力比为其理论值的下界，在土壤力学中称为动应力系数 K_a。K_a 定义为在无正断层地层中水平应力的最低值。在构造松散区域，K 值一般要高于 K_a 值。

4.3.2.7 Anderson，Ingram 和 Zanier 模型

Anderson，Ingram 和 Zanier 考虑岩性变化，建立了破裂压裂梯度关系式。首先，他们替换了标准 Terzaghi 有效应力关系式：

$$\sigma_{\text{eff}} = \sigma - p_0 \quad (4.20)$$

式中 σ_{eff}——有效应力；

σ——总应力；

p_0——孔隙压力。

然后，比奥特（Biot）关系式可表示成

$$\sigma_{\text{eff}} = \sigma - \alpha p_0 \quad (4.21)$$

其中 $\alpha = 1 - K/K_G$

式中 K——干岩的体积弹性模量；

K_G——岩石颗粒的体积弹性模量。

4.3.2.8 Daines 模型

Daines（1982）在 Eaton 的有效应力比模型中增加了第二项 β：

$$K = \frac{\nu}{1 - \nu} + \beta \quad (4.22)$$

式中 β——与岩性无关的参数，用来解释构造效应。

利用漏失测试数据，β 可表示成

$$\beta = \frac{\text{FG} - \text{PPG}}{\text{OBG} - \text{PPG}} - \frac{\nu}{1 - \nu} \quad (4.23)$$

式中 ν——漏失测试的岩性参数（一般为页岩）；

FG——破裂压力梯度；

PPG——孔隙压力梯度。

事实上，在多数情况下都要引入 β 修正因子，这是由于方程是用真实的泊松比来计算 K，而不是假想的。而这样做的目的就是为了使用 Eaton 方法。

$$K_2 - \frac{\nu_2}{1 - \nu_2} = K_1 - \frac{\nu_1}{1 - \nu_1} = \beta \quad (4.24)$$

故：

$$K_2 = K_1 + \frac{\nu_2}{1 - \nu_2} - \frac{\nu_1}{1 - \nu_1} \tag{4.25}$$

式中　K——矩阵应力系数（公式4.9绘出解释）；

　　　ν——泊松比；

　　　1，2——数字，表示2个不同的点。

4.3.3　最大水平原地应力估算方法

通常，最大水平原地应力大小等于最小水平应力或垂向应力与最小水平应力的平均值。最大水平原地应力大小的计算方法（表4.5）如下：

（1）裸眼井段小型压裂或微压裂（应力测试可能先于水力压裂）；

（2）通过对诱导缝的井筒成像来确定最大水平原地应力；

（3）通过破裂反演来确定最大水平原地应力（Qien和Pederson方法）。

表4.5　常用的最大水平应力估算方法

技术	方法（Method）	作者	手段（Approach）
图解方法、理论方法	断层阻隔	Moos 等	
	压裂地层	Zoback 等	反算
	应力约束	Tan 等	
理论方法	诱导缝地层	很多人	反算
	破裂反演	Qien，Pederson	
现场测试	延伸漏失测试		页岩和泥岩
	小型压裂	De Bree，Walters	储层
	微压裂	Thiercelin，Plumb	储层

4.4　岩石破坏基本理论

井壁岩石破坏的根本原因是从一个连续岩体上取出了一个圆筒岩样（如钻孔）。影响原始岩石的三维地应力场的来源是其上部材料的重量，也可能是水平构造应力。以前岩石所支撑的总应力现在进行重新分布并作用于周围岩石骨架，特别是在近井地带，会使该区域的应力增加。

某一应力可用应力空间中的一个点来描述，而三个坐标轴则代表三个主应力。应力变化用应力路径表示，应力点在应力空间移动就是其轨迹。岩石强度可定义为样品沿任意应力路径发生破坏的点。可以构建一个强度面来连接发生破坏的所有应力点。实际上，强度面并不是唯一的，它取决于应力路径、加载速率、样品含水量、岩性和强度所定义的方式。强度准则就是用来描述应力点在强度面运移路径的代数表达式。强度准则很少能适用于整个强度表面。一个准则通常只适用于某一破坏区域，而用于其他其他区域时可能不准确。

这些应力（单位面积）包括把砂粒粘合在一起的胶结材料、砂粒间的摩擦力和地层天然稳定砂拱形成的抗压应力及液相润湿砂粒形成的内聚力（毛细管力）。

影响这些应力强度的因素有：

①砂粒胶结的数量、强度和种类；

②砂粒的圆度、粗糙度、球形度、分选情况和堆积情况，决定了砂粒间的摩擦力；

③压实程度一般与上覆岩层载荷（或井深）成正比，与储层压力成反比；

④砂粒周围流体的组分、密度和黏度；

⑤地层孔隙度和渗透率。

不稳定作用会超过或降低粘合力并可能导致出砂。

（1）产液、压裂液（酸化处理剂）和注入物（蒸汽）会溶解或冲蚀胶结材料；

（2）最初的钻井和固井施工导致主应力变化、地层压力衰竭引起的压实作用、生产期间较大的生产压差、设备故障引发的压力波动、油嘴开度大幅变化、压裂作业以及人工举升突然启动，都会破坏岩石的胶结。

（3）生产或注入流体的拖拽力会剪切砂粒间的胶结并破坏未胶结砂的天然拱，其原因如下：

①高黏流体（通常大于 50cP）在稠油井的黏度可能超过 1000cP；

②在气井和高流速或高气液比油井孔喉处产生紊流效应；

③地层伤害和射孔及孔喉区域堵塞。

（4）主应力变化、压力衰减、过大压降或压力波动使得砂粒滑移，并破坏未胶结砂的天然拱。

（5）当润湿相发生运动时，内聚力将消失。例如，有人认为高黏加利福尼亚原油有助于保持地层稳定。随着原油黏度降低，地层开始出砂，而蒸汽注入则使砂更容易流动。类似地，在典型的墨西哥湾油气井中，随着油气生产，原生水提供了砂粒间的内聚力。然而，由于原生水开始流动，地层开始出水并伴随出砂。而且注入的混相流体（混相 CO_2 驱）通过影响润湿流体的表面张力来降低内聚力。

相反，一些行为最终导致地层稳定性增加似乎也符合逻辑。例如，压实可能会增加地层稳定性。其原因在于随着孔隙度和渗透率的减小，内聚力会增加。此外，增加砂粒间的摩擦也会增加天然拱的稳定性。

从上述讨论可看出大多数出砂发生在新地层、弱胶结岩石，特别是在浅井、稠油井、超压区域、某些高产井以及压力快速衰减和水侵的老油田储层。很明显，出砂量往往对生产速度很敏感，因为生产以及速度决定了压降、拖拽力以及某些情况下的含水饱和度。缓慢增大生产速率直至观察到出砂，即可获得最大临界生产速度。立即降低生产速率至该值以下，则恢复无砂生产状态。然而，这种情况会随生产条件和储层压力衰减发生改变。

4.5　岩石破坏模型

岩石破坏模型可以分成四组模型。

（1）根据现场观察的经验模型。

首先根据现场观察来描述岩石破坏物理特性，这些特性都依赖于利用出砂、井数据和现场参数所建立的经验表达式。研究表明在过去很长一段时间对出砂记录最有价值的是压力衰减和产水量评价。随着测量参数数量增加，基于现场和施工参数的出砂关系式精度增加，然而所需数据数量和现场出砂特性也相应增加。

（2）分析模型。

分析模型特别适合筛选性研究，它们可以在更广泛的条件下应用，还可以提供对因果关系的阐述，而这些关系往往被更复杂的数学模型所掩盖。

（3）数值模型。

数值模型通常用来求解特定的问题，他们提供破坏过程更加详细的信息，且较分析模型更为复杂。有限元方法是该模型的主要手段。模型的缺点是需要大范围的数据来准确预测出砂速率，而这些数据很难获取。

（4）概率模型。

概率模型会使用分析模型，且经常包含数值模型，并基于接受范围的不确定性来评价对基本参数统计变化的影响。

在水侵前后，岩石行为的不同是由岩石性质的变化而引起的，包括变形性质（杨氏模量、泊松比、体模量等）和岩石强度性质的变化而变化。大多数强度参数会随含水饱和度变化而变化，而摩擦角则变化较小甚至不变。在不同含水量条件下，摩尔—库仑包络线相互平行。然而，一些研究者发现如果岩石表面与水发生化学反应，包络线会随含水饱和度变化而变化，从而导致表面平滑度变化。大量证据表明除了储层压力衰减之外，另一个导致出砂的关键参数是水侵。然而，在微观力学尺度上，毛细管压力会提供一定程度的粒间凝聚力，这一点很多人不清楚。实际的出砂潜力不同于模型预测，部分原因是多相流会影响压力梯度以及毛细管压力会修正聚合强度。此外，实际出砂量可能与临界流速有关。该临界流速超过了与残余黏聚力和毛细管压力有关的阻力，不与地层的初始破裂有关。

4.6   岩石破坏准则

所有的破坏准则都是基于有效应力，而相当一部分使用了 σ_1，σ_2，σ_3 原地主应力。岩石破坏准则有：

（1）摩尔—库仑破坏包络线；

（2）Drucker-Prager；

（3）Weibols 和 Cook；

（4）Hoek-Brown；

（5）Griffith 准则；

（6）Tresca 准则；

（7）修正的 Lade 准则。

图 4.4 为上述破坏准则在应力空间中的分布图。

4.6.1   摩尔—库仑准则（$\sigma_1 = \sigma_V$ 和 $\sigma_3 = \sigma_h$）

摩尔—库仑准表述为维持在一个平面上的最大剪切应力等于黏聚力和与作用在平面上的与正应力成正比的摩擦力之和。

摩尔—库仑准则认为过大的剪切应力会导致塑性变形变为剪切破坏。该准则用内聚力

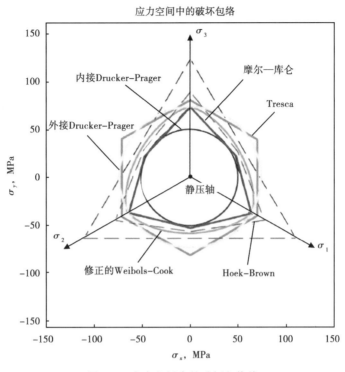

图 4.4　应力空间中的破坏包络线

C 和内摩擦角 θ 来描述岩石特性。它所预测的最大剪切应力随平均正应力增加，这与日常观察一致。摩尔—库仑准则合理描述了中等抗压强度范围内的岩石特性。该破坏包络线可描述成：

$$\tau = C + \sigma \tan\theta \qquad (4.26)$$

式中　τ——剪切应力；

　　　C——内聚力；

　　　σ——正应力；

　　　θ——内摩擦角。

内摩擦角和断裂面角 φ 的关系可表示成

$$\varphi = 45° - 0.5\theta \qquad (4.27)$$

式中　θ——破坏平面与最小主应力 σ_3 方向的夹角。

　　摩尔—库仑是最常用的破坏准则，因为它最容易用简单的物理术语来解释，通过标准室内实验很容易获得某些参数。该模型在地质技术领域很出名，并容易用数值编码计算。

4.6.2　Drucker-Prager 准则（$\sigma_1 = \sigma_v$，$\sigma_2 = \sigma_H$ 和 $\sigma_3 = \sigma_h$）

　　许多井壁稳定理论模型都会用一个不同的剪切破坏准则，即 Drucker-Prager（DP）准则。使用应力变量的主要原因是 DP 准则用所谓的应力不变量表示，这使得计算更容易。DP 准则的缺点是中间应力会明显影响强度，结果与观察到的现象相反。

Drucker-Prager 与它的计算友好性有关，人们不需要确定哪个井筒应力最大或最小。当 σ_2 与 σ_1 接近时，比如直井，Drucker-Prager 准则并不适用。

根据 Drucker-Prager 准则，剪切破坏条件可分为外接准则和内接准则。

（1）外接 Drucker-Prager 准则：

$$J_2^{1/2} = a + bJ_1 \tag{4.28}$$

式中　J_1——应力张量第一不变量；

　　　J_2——应力偏张量第二不变量；

　　　a——与材料内聚力相关的材料常数；

　　　b——与材料内摩擦角相关的材料常数。

其中，

$$J_1 = \frac{1}{3}(\sigma_1 + \sigma_2 + \sigma_3) \tag{4.29}$$

$$a = \frac{\sqrt{3}C_o}{q + 2} \tag{4.30}$$

$$b = \frac{\sqrt{3(q - 1)}}{q + 2} \tag{4.31}$$

$$J_2^{1/2} = \sqrt{\frac{1}{6}\left[(\sigma_1 - \sigma_2)^2 + (\sigma_1 - \sigma_3)^2 + (\sigma_2 - \sigma_3)^2\right]} \tag{4.32}$$

（2）内接 Drucker-Prager 准则：

$$J_2^{1/2} = a + bJ_1 \tag{4.33}$$

其中

$$b = \frac{3\sin\theta}{\sqrt{3\sin^2\theta + 9}} \tag{4.34}$$

$$a = \frac{3C_o\cos\theta}{2\sqrt{q}\sqrt{3\sin^2\theta + 9}} \tag{4.35}$$

$$\tan\theta = \mu$$

式中　C_o——内聚力；

　　　θ——内摩擦角。

4.6.3　Weibols 和 Cook 准则（$\sigma_1 = \sigma_V$ 和 $\sigma_2 = \sigma_H$）

Weibols 和 Cook 准则考虑了中间主应力 σ_H 对岩石强度的影响，但需要多轴岩石强度试验。

$$J_2^{1/2} = e + fJ_1 + gJ_1^2 \tag{4.36}$$

式中　e，f，g——材料常数。

其中

$$g = \frac{\sqrt{27}}{2C_1 + (q - 1)\sigma_3 - C_0}\left[\frac{C_1 + (q - 1)\sigma_3 - C_0}{2C_1 + (2q + 1)\sigma_3 - C_0} - \frac{q - 1}{q + 2}\right] \tag{4.37}$$

$$C_1 = (1 + 0.6\mu) \tag{4.38}$$

$$e = \frac{C_0}{\sqrt{3}} - \frac{C_0}{3}f - \frac{C_0^2}{9}g \tag{4.39}$$

$$f = \frac{\sqrt{3}\,(q-1)}{q+2} - \frac{g}{3}\big[2C_0 + (q+2)\sigma_3\big] \tag{4.40}$$

式中　μ——内摩擦系数；

　　　C_0——内聚力；

　　　θ——内摩擦角；

其中
$$q = \tan^2\left(45° + \frac{\theta}{2}\right) \tag{4.41}$$

4.6.4　Hoek-Brown 准则（$\sigma_1 = \sigma_V$，$\sigma_3 = \sigma_h$）

Hoek-Brown 准则与摩尔—库仑准则相似，都是二维的且只需知道 σ_1 和 σ_3。该准则能很好适用于大多数质量合格的岩石，其中岩体强度由紧密咬合的尖岩块控制。

$$\sigma_1 = \sigma_3 + C_0\sqrt{m\frac{\sigma_3}{C_0} + s} \tag{4.42}$$

式中　m，s——常数，其值取决于岩石特性和岩石破坏前受损程度；

　　　C_0——内聚力。

对于完整岩石，$s=1$；对于受损岩石，$s<1$。岩石破坏未必意味着出砂，Oluyemi 和 Oyeneyin 模型（2010）通过估算临界生产压差来确定出砂临界点。该模型为

$$\mathrm{CDP} = \frac{(4A + mC_0) \pm \sqrt{(4A + mC_0)^2 - 16(A^2 - sC_0^2)}}{8} - n(p_{\mathrm{ri}} - p_{\mathrm{rc}}) \tag{4.43}$$

其中
$$A = 3\sigma_H - \sigma_h \tag{4.44}$$

上述方程通过考虑储层压力衰减来耦合时间。无量纲参数 n 表示随储层压力衰减临界压降变化率。当储层压力衰减与临界压降变化率同等重要时，$n=1$；当储层压力衰减更重要时，$n>1$（通常为2）；而当储层压力衰减无影响时，$n=0$。对于无砂生产时，临界压降也被看作最大压降。

由于该研究主要集中在钻井阶段，假定压力衰减对临界出砂没有影响，故 $n=0$。当压力开始衰减时，把 $n=0$ 代入式（4.43）中，则可得到钻井阶段的实时临界生产压差评价模型：

$$\mathrm{CDP} = \left[\frac{(4A + mC_0) \pm \sqrt{(4A + mC_0)^2 - 16(A^2 - sC_0^2)}}{8}\right] \tag{4.45}$$

式中　σ_H——最大水平应力和最小水平应力。

上述方程给出了两个解，需要确定其中一个正确值。临界生产压差（CDP）方程输入参数为最大水平应力、最小水平应力、Hoek-Brown 常数和无侧限抗压强度（C_0）。

4.6.5　Griffith 准则

Griffith 假设脆性材料破坏是由已有微裂缝的发展所致。基于该理念，他得到一个关于

正应力和剪切应力的抛物线关系式，该剪切应力作用在与已有裂缝平行的平面并导致裂缝扩展。Griffith 准则适用于从拉应力到压应力范围。该准则考虑了由拉伸裂缝扩展导致的塑性变形。破坏可用拉伸强度 σ_t 或无侧限抗压强度表示：

$$\tau = 4\sigma_t^2 + 4\sigma^3 + \sigma_t \tag{4.46}$$

式中　τ——剪应力；

　　　σ_t——抗拉强度；

　　　σ——正应力。

4.6.6　Tresca 准则

Tresca 准则为线性摩尔—库仑准则的简化形式，有时也称为最大剪切应力准则。该准则通常用来描述屈服强度不随围压增加的金属材料强度。

$$\sigma_1 - \sigma_3 = 2C_0 \tag{4.47}$$

式中　C_0——内聚力。

4.6.7　修正 Lade 准则（$\sigma_1 = \sigma_V$，$\sigma_2 = \sigma_H$）

该准则是一个三维强度准则但仅需要两个经验常数，相当于确定 η 和 S_1。

$$\frac{(I_1)^3}{I_3} = 27 + \eta \tag{4.48}$$

$$I_1 = (\sigma_1 + S_1) + (\sigma_2 + S_1) + (\sigma_3 + S_1) \tag{4.49}$$

式中　I_1——第一应力张量不变量；

　　　I_3——第三应力张量不变量。

其中

$$I_3 = (\sigma_1 + S_1)(\sigma_2 + S_1)(\sigma_3 + S_1) \tag{4.50}$$

$$S_1 = S_0 / \tan\theta \tag{4.51}$$

$$\eta = 4\mu^2 \frac{9\sqrt{\mu^2 + 1} - 7\mu}{\sqrt{\mu^2 + 1} - \mu} \tag{4.52}$$

式中　S_0——摩尔—库仑内聚力；

　　　μ——内摩擦系数；

　　　θ——内摩擦角。

上述所讨论的岩石破坏准则都是静态的，只能给出初始条件下的破坏指示。油气行业中地层破坏无法用普通的解决方案解决。作为生产条件（时间）函数的地层强度变化需要被揭示，他们也应该能够量化预期出砂。

4.7　摩尔—库仑破坏包络线分析

4.7.1　摩尔圆

多数岩石特定点的应力条件可用摩尔应力圆来进行描述。摩尔—库仑剪切破坏准则也会引入到摩尔应力圆中。

把圆柱形岩样放入三轴压力室中，施加径向围压 σ_3，增加轴向载荷 σ_1，直至岩样发生破坏。剪切应力 τ 和正应力 σ 的组合导致岩石破坏。破坏面上的正应力 σ_2 和平行于破坏面的剪切应力 τ 的计算式如下：

$$\sigma = \frac{1}{2}(\sigma_1 + \sigma_3) + \frac{1}{2}(\sigma_1 + \sigma_3)\cos 2\theta \tag{4.53}$$

$$\tau = \frac{1}{2}(\sigma_1 - \sigma_3)\sin 2\theta \tag{4.54}$$

式中　θ——破坏面与最小主应力 σ_3 的方向间的夹角。

图 4.5 为 σ 和 τ 作为 θ 函数的示意图，以水平坐标轴上点 $(\sigma_1+\sigma_3)$ /2 为中心，过点 σ_1 和 σ_3 画圆，其半径为 $(\sigma_1-\sigma_3)$ /2，该圆称为摩尔圆。

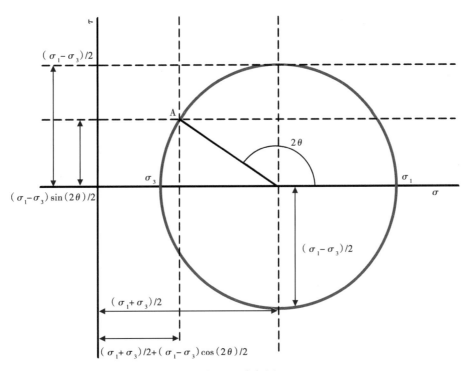

图 4.5　摩尔圆

随着围压增加，岩石有效应力一般也会增加，这会反映在有效正应力轴上。在增加围压情况下，利用三轴试验能绘制出相应的摩尔圆。从图 4.5 中可看出，当围压增加时，应力 $(\sigma_1+\sigma_3)$ /2 和应力差 $(\sigma_1-\sigma_3)$ /2 会增加直至岩样破坏。

包络线之下的应力值描述了稳定地层，包络线之上显示地层发生屈服并破坏。

4.7.2　包络线破坏：内聚力和摩擦角

如图 4.6、图 4.7 所示，摩尔圆的切线称为摩尔—库仑破坏包络线。当应力圆低于包络线时，形成该应力圆的质点则位于破坏点之下，而在包络线外应力的任意组合都将造成破坏。破坏包络线与水平正应力轴线的夹角为内摩擦角 θ。包络线在垂向应力轴线上的截距为岩石黏聚力 C。

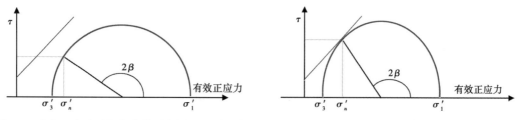

图 4.6　摩尔—库仑破坏包络线示意图（地层稳定）　图 4.7　摩尔—库仑破坏包络线示意图（地层破坏）

4.7.3　确定地层剪切强度

确定地层强度的方法主要有两种。

（1）三轴室内测试。

利用三轴单元中的岩石力学测试，可以确定其弹性参数（杨氏弹性模量和泊松比）和破坏参数（内聚力和内摩擦角）。三轴测试所需岩样尺寸相当（直径一般为 1in），这就需要合适的岩样材料。

（2）关联测井和岩屑数据。

取心成本高、耗时高，合适的岩石力学测试岩样很难获取。声波测井能用来推断杨氏弹性模量、泊松比和内聚力。研究发现，内摩擦角与页岩地层活性黏土含量有很好的相关性，可以通过测量其表面积、亚甲基蓝试验（MBT）或阳离子交换能力（CEC）来定量化。

杨式弹性模量 E：

$$E = \frac{\rho_{\mathrm{b}} v_{\mathrm{s}}^2 (3v_{\mathrm{p}}^2 - 4v_{\mathrm{s}}^2)}{v_{\mathrm{p}}^2 v_{\mathrm{s}}^2} \tag{4.55}$$

式中　v_{p}——纵波速度；

　　　v_{s}——剪切波速度；

　　　ρ_{b}——体积密度。

泊松比：

$$\nu = \frac{v_{\mathrm{p}}^2 - 2v_{\mathrm{s}}^2}{2(v_{\mathrm{p}}^2 - v_{\mathrm{s}}^2)} \tag{4.56}$$

4.7.4　修正的摩尔—库仑破坏包络线

内聚力 C 和内摩擦角 θ 为摩尔—库仑破坏包络线的两个关键参数。摩尔—库仑破坏包络线的大多数应用都假定对于任何给定的岩石，内聚力和内摩擦角是恒定的。这些参数通常是在初始条件下测量或计算的。这会令人误解。内聚力和内摩擦角可能会随嵌入或劈开平面和最小主应力方向变化。前面的工作已经注意到原地主应力会随孔隙压力而连续变化。因此，如果原地主应力变化，内聚力和内摩擦角会随之变化。然而，这些参数的关系式是纯经验性质的，必须通过实验数据确定。

在之前的讨论中，出砂取决于原地应力的方向和大小，而原地应力又受控于孔隙压力。

然而，孔隙压力随油气的生产而不断变化。因此，一个理想的出砂预测模型应该考虑孔隙压力衰减（时间）对应力变化的影响。

4.7.5　摩尔—库仑破坏包络线表达式

摩尔—库仑准则建立无侧限抗压强度与材料内聚力 C 和内摩擦角 θ 的关系。材料内聚力 C 和内摩擦角 θ 会随应力变化而不断变化。下面的表达式试图让 C、θ 与岩石物理参数相关联。必须强调的是关系式只能视为一种粗略的指导并应当成一个近似值。每一个关系式都能通过更详细的分析予以完善。

（1）内聚力与无侧限抗压强度和内摩擦角。

内聚力为零正应力时的剪切阻力（在岩石力学中称为固有岩石强度）。假定岩石发生弹性变形或理想塑性摩尔—库仑屈服包络线，内聚力 C 和摩擦角 θ 的直接关系式为

$$C = \frac{\sigma_{\text{UCS}}}{2} \frac{1 - \sin\theta}{\cos\theta} \tag{4.57}$$

（2）内摩擦角和孔隙度。

内摩擦角 θ 为正应力轴线和摩尔—库仑包络线切线的夹角。内摩擦角可表示成孔隙度的函数（Perkins 和 Weingarten，1998）：

$$\theta = 58 - 1.35\phi \tag{4.58}$$

式中　ϕ——孔隙度。

随孔隙度减小，内摩擦角增大。需注意内摩擦角的定义取决于最小水平应力状态。

（3）内摩擦角和比表面积（SSA）。

当没有岩心可用时，可建立比表面积 S（m^2/g）和内摩擦角 θ 的关系式。比表面积越大，即存在蒙皂石的数量越多，则页岩强度越低。

通过介电常数测试（DCM）可得到比表面积，其方程如下：

$$\lg\theta = \lg35 \times \left(1 - \frac{S}{1137}\right) = 1.544 - 1.358 \times 10^{-3} \times S \tag{4.59}$$

压实常数（CC）能有效控制孔隙度，这与比表面积（S）有关，同时也控制渗透率。由于孔隙度和压实常数在生产期间很容易获得，这就需要用户获得时间的函数 S。最终，σ_h 作为时间的函数而被计算。

压实常数测试（资料组 A）：

0.0～0.00059

0.0006～0.0009

0.0010～0.0015

压实常数校正（资料组 B）：

0.0～0.00099

0.0010～0.0020

4.8 测井强度指示器[8-12]

一些公开出版和私有的测井—岩心强度关系式可用来建立连续岩石强度模型。这些模型包括 Sarda 模型、Formel 模型和 Vernik 模型,但受制于能否获取测井数据。大多数模型包含了无测限抗压强度和测井数据,这些参数对岩石强度变化很敏感,特别是声波(DTC 或DTS)、密度(RHOB)和孔隙度(PHIT 和 PHIE)。推导出的测井模型主要目的是对未取心井段岩石强度进行精确描述。

Sarda 模型广泛用于出砂,它认为孔隙度可以控制岩石的强度——较低的固结和胶结程度(岩石强度)与较高的孔隙度相关。该关系式可描述为

$$C_o = 111.5e^{-11.6\phi}(MPa)(孔隙度 > 30\%) \tag{4.60}$$

$$C_o = 258e^{-9\phi} \quad (MPa)(孔隙度 < 30\%) \tag{4.61}$$

式中 ϕ——孔隙度,用小数表示。

Formel 模型用来描述沉积岩石加载中的主要过程。将挪威北海地区 200 多块岩样的直接岩石力学测试进行了对比,结果显示该模型用来估算低围压(0~5MPa)下的岩石强度效果最好。

基于孔隙度(模型 PHI)和纵波传播时间(模型 DT)的模型计算如下。

模型 PHI:

$$\sigma_{max} = 43 + 8.0\sigma_c - 0.10\sigma_c^2 - 140\phi + 63\phi^2 - 11\phi\sigma_c \tag{4.62}$$

模型 DT:

$$\sigma_{max} = 140 + 12\sigma_c - 0.10\sigma_c^2 - 2.1\Delta t_c + 0.0083\Delta t_c^2 - 0.063\sigma_c\Delta t_c \tag{4.63}$$

式中 σ_{max}——最大破坏强度,$\sigma_c = 0$ 时,$\sigma_{max} = C_0$;

σ_c——围压,MPa;

ϕ——孔隙度;

Δt_c——纵波传播时间,μs。

如果 σ_c 等于零,上述两个模型都可用来预测无侧限抗压强度 UCS。这些模型适用于孔隙度为 20%~30%和声波传播速度为 90~140μs/ft 条件。

Vernik 等人所引用的两个模型如下。

Vernik-1:

$$UCS = 254(1 - 2.7\phi)^2 \tag{4.64}$$

Vernik-2:

$$UCS = 277e^{(-10\phi)} \tag{4.65}$$

Vernik-1 适用于孔隙度小于 30%的胶结良好砂岩,而 Vernik-2 则适用于无侧限抗压强度为 300~50000psi 以及孔隙度为 0.2%~33%的砂岩。一个修正的 Vernik 模型包含一个相对页岩体积项(Vcl):

$$UCS = (254 - 204Vcl)(1 - 2.7\phi)^2UCS \tag{4.66}$$

当数据匮乏时,可通过无侧限抗压强度(UCS)来预测厚壁圆筒强度(TWC)。TWC

和 UCS 的关系式如下:

$$TWC = 80.884UCS^{0.558}$$

(4.67)

在硬地层（UCS>5000psi），该数据库中的 UCS/TWC 比值保持恒定约为 2，在非常硬的地层其比值接近 1.5。这与施加的径向应力在岩样中的传递性有关。在硬脆性岩石中，其值接近 1。在较软地层，该比值随强度减小而增加，并在 UCS 不超过 1000psi 井段经常超过 6，这是压实效应所致。在厚壁圆筒测试中会压实岩样，但无侧限抗压强度测试中不会。

5 基于出砂及其状态监测维护设备 完整性的方法介绍

对于出砂及其状态监测，主要有三种探测系统：

（1）出砂监测设备，有两种型号：

①专用冲蚀探头。这类工具使用侵入式头部带斜面的探头，并带有耐腐蚀合金传感元件，具有代表性的是 625 型铬镍铁合金（标准）。

②非侵入式监测设备。

（2）专用腐蚀探头，使用碳钢元件，与管道壁/容器壁平齐安装。

（3）腐蚀/冲蚀探头，使用带有碳钢传感元件的侵入式头部带斜面的探头。这种类型的系统非常敏感，能够在过程中检测和细化出砂情况。

在本章中，我们重点介绍出砂监测设备。

5.1 出砂检测/监测

出砂检测/监测系统的首要目标是为一个特定的井出砂或者砂粒在管道、井口设备中的运移提供早期预警。早期预警意味着：

（1）出砂检测/监测系统比保护出砂的设备工艺更敏感。

（2）在合适位置设置警报器（例如控制室）。

（3）设备对其他因素不敏感，能够按照设计要求检测出砂（也就是说，设备可以区分出砂的量是"可接受"等级和"意外"等级）。

"从一个特定的井"意味着探测器位于管汇上游，或者可以选择单井进行测试。海底开发可能使用回接管道（带有混合流）与地面处理设备连接，这意味着出砂探测器位于海底的井口或管汇上。

出砂检测可以以多种方式实现，既有生产分离器中因大量积砂（可操作性问题）导致意外关井的极端情况，也包括从井筒流体中取样等其他方法。这部分重点介绍提供出砂早期预警的检测器（传感器）和监测器的用途。同时也包含了容器中出砂取样和出砂累积量的测量。

检测/监测出砂的三种方法是：

（1）线上非侵入式——超声波、声波传感器；

（2）线上侵入式——探头、元件、管壁等本体直接遭受冲蚀；

（3）取自出油管线、管道和工艺容器中的砂样。

5.1.1 线上非侵入式出砂检测/监测

非侵入式声波探测器是通过探测由砂粒制造的噪声来工作的，噪声是由砂粒在系统弯曲点撞击管壁产生的。这种高频（超声波）脉冲通过管壁传播，并由安装在管壁外面的声波传感器进行检测。声波传感器将超声波脉冲转化为能够传输的电信号（mV），经过放大、过滤后，由电缆传输到专用电脑上。

传感器安装在管道系统的弯曲部位，使得流体中的固体能够撞击管道壁引起振动。相比于背景噪声等，这些振动具有特定频率，经过滤后能转化成出砂量。总共两个传感器与系统电源连接，电源安装在安全区域，传感器在危险区域使用。传感器与供电单元（PSU）之间有电缆，并且供电单元与电脑相连。电脑上装有多传感器颗粒监控软件，并置于控制室或者实验室等安全区域。

非侵入式出砂探测器需要电源（用来放大压电晶体/传感器产生的微小电压）和数据传输通道（用来传送测量频率和振幅信息）。最具代表性的是通过使用两对双绞线电缆完成。然而，据了解，这也可以通过使用单绞线电缆完成。

非侵入类型的出砂探测器推荐安装在砂粒可能撞击到管壁的位置上，最常见的位置直接是在管道系统中弯头或弯管的下游。在这些位置上，探测器有必要位于邻近砂粒撞击的区域。在有弯头或弯管的情况下，探测器位于其外半径。

非侵入式出砂探测器也探测其他噪声源产生的噪声，如节流阀为维持基本压差（>10bar）产生的噪声。典型做法是将声波出砂探测器安装在距离节流阀不小于4m的地方（而且不能是节流阀下游的第一个弯管），因为节流阀产生的噪声可以掩盖出砂产生的噪声。然而，海底设备难以执行这个距离。

如果节流阀施加较大压降，以致流动阻塞（节流阀上游与下游的绝对压力比大于2），则需要延长从节流阀到出砂探测器的距离。如果出砂探测器安装在节流阀上游，噪声也能通过管道系统逆向传播，因此应该采用类似的探测器与节流阀分开安装的做法（图5.1）。典型声波设备的测试曲线如图5.2所示。

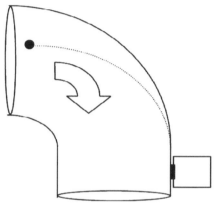

原理：砂粒在弯曲点撞击管壁，被连接在管壁外面的传感器检测到声能量增加（超声波噪声）

图5.1　线上非侵入式出砂检测/监测技术

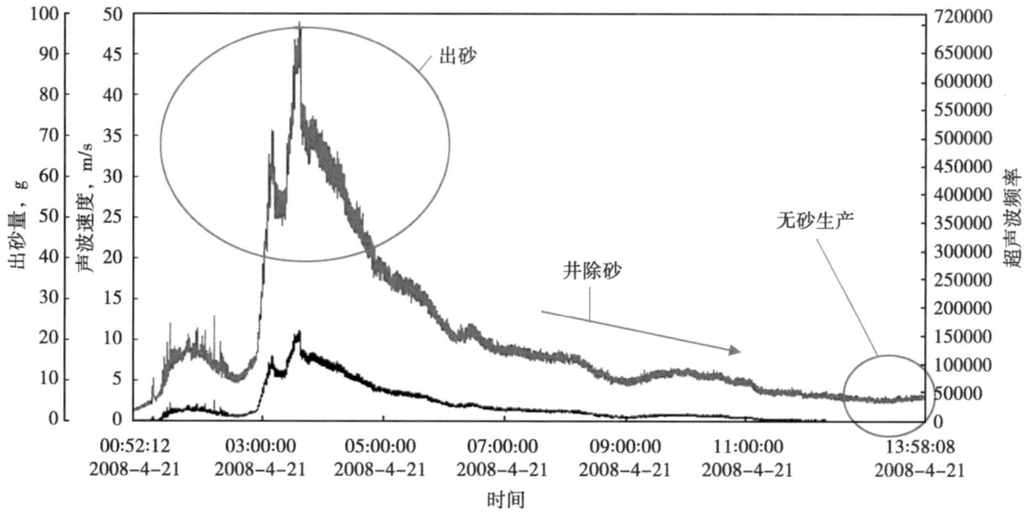

图5.2　声波出砂探测曲线实例

Roxar 和 Clampon 是最受欢迎的两家声波出砂监测设备制造商。

可靠地处理数据需要依靠先进的数字信号处理探头来采集数据，其特点是完全数字化并且消除了模拟滤波器、电路以及放大器的影响。所有信号处理在传感器自身内部完成，这样任何信号不可能丢失，也不会受到外部噪声源的干扰。所有传感器相同且可更换，如果传感器不得不移除、换位或维修，可更换是一种优势。

当分析流态时，数字信号处理系统增加的处理能力可以使传感器结合多个频率范围。传感器是多功能的，市场上的仪器提供传感器和控制系统之间的双向通信。双向通信使得传感器通过简单下载新软件就能完成将来的升级。当使用传感器的数字输出时，传感器的信号可以用菊花链连接。传感器的存储容量能够存储 60 天的数据。对于海底井，有必要通过使用合适的海底漏斗定位来使传感器靠近海底井（图 5.3）。

图 5.3 典型的 Clampon 海底声波出砂监测漏斗

声波传感器的优点包括：
（1）出砂高敏感性；
（2）出砂瞬时反应；
（3）低功耗；
（4）易于安装，无需关井，无需动火作业；
（5）无温敏影响；
（6）降低风险和成本；
（7）完美适用高温高压井；
（8）无承压密封失败风险；
（9）减少人工操作；
（10）无需固定元件/机械零件，不怕磨损；

（11）非侵入式声波探头有单独的安装带，安装在管道系统中节流阀上游的弯管上。

声波传感器的风险包括：

（1）需要数据分析和解释的培训、经验；

（2）对于精确量化出砂，系统需要复杂校准；

（3）低速流、高黏性流中管壁的低出砂冲击；

（4）对相态的瞬时变化非常敏感。

5.1.2　线上侵入式出砂检测/监测

侵入式出砂探测器的操作方法类似于电阻腐蚀探测器。这两种类型的探测器都使用直接接触流体的元件。然而，出砂探头与腐蚀探头的不同之处在于出砂探头使用的元件由抗腐蚀材料做成，而腐蚀探头使用腐蚀元件。探头分为斜探头和平面探头，并且为了持续性，元件都可替换（图5.4至图5.6）。

图5.4　斜探头和平面探头

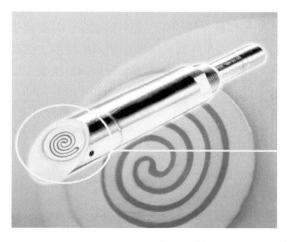

图5.5　斜探头展示的可替换元件

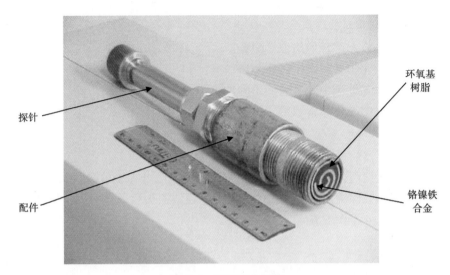

图5.6　平面探头系统

　　元件上任何物质损失都会减小截面积，当电流流过元件时，检测到电阻增加。为补偿也能影响电阻的流动相关效应（例如温度），应在探头下游放置防冲蚀的元件。电阻的变化是用惠斯通电桥/开尔文电桥来测量的，因此数据是独立于电桥供电的电流而获得的。两个元件通常处于相同温度下，因此，任何由温度引起的电阻变化都能通过比较两个元件测量的电阻来补偿。

　　侵入式出砂探测器需要电源（为电桥提供能量）和数据传输路径（将测量到的、温度补偿的电阻等"传递"出去）。这通常是通过使用双绞线电缆来实现的。一对用于给位于传感器头部的电池组连续充电，另一对给传输信号提供通信用电。一个电池组可使系统满足本质安全的要求。因为进行测量所需的电流比通过电缆连续提供的电流要大。这个因素限制了测量频率（最大限度大约每20min测量一次），以防止电池耗尽。

　　侵入系统的原始信号来自探针金属损耗（探针金属损耗引起电阻变化，并最终引起电流变化）。侵入式探头的金属损耗是很容易理解的，并且满足出砂层监测系统的主要要求。然而，为满足次要目的，必须将金属损失转化为砂量。推荐侵入式出砂探测器安装在砂粒可能撞到探头元件的位置，常见在节流阀下游安装。但是节流阀受损（例如被砂粒损坏）可能引起流动指向管道一侧，砂粒因此可能错过冲蚀探头。为避免出现这种情况，通常做法有：

　　（1）在专用的合适尺寸的短管上安装两个探头，短管能改造流线和容许均质或非均质颗粒在液流中悬浮。

　　（2）探头成直角相互对齐，以捕捉砂粒运动。

5.1.2.1　商用油气井测试侵入式传感器

　　出砂监测设专用的1m长短管，该短管带有安装探头的机械接口。短管应该通过6000psi或10000 psi的工作压力认证，并且有与现存管道系统中节流管汇下游相匹配的端部配件。冲蚀监测探头应穿过2in的机械接口安装在这个短管中。

　　传感器冲蚀速率的测量使用高分辨率的金属损耗技术完成。由于获得了非常高的分辨率（分辨率超过传统电阻测量的 100 倍），该结果可以实时用于主动腐蚀、冲蚀的管理和系统优化。冲蚀测量值与温度数据传输给采集系统。传感器以非常高的分辨率测量采样元件的金属损耗和温度。这能够快速检测冲蚀情况和瞬间记录最小的"出砂事件"。

侵入式出砂探测系统设计易于集成。工程单元提供仪器的输出参数（金属损耗和温度），并直接连接到专用的机载电脑上。基本参数（冲蚀率和温度）可以被转化成冲蚀率。一旦数据经过处理，便能清楚地计算累计出砂量和出砂速率。

发射器由一台本质安全型仪器组成，该仪器现场安装在距离侵入式探头 3m 范围内。24V 直流电通过隔离屏障远程供电，数据利用单独的数字化数据链传给安全区域内的专用电脑。探头电缆与仪器集成在一起，不能现场加长。

典型的短管和数据管理传输实例如图 5.7 所示。

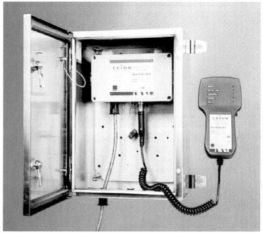

图 5.7　短管出砂监测系统+数据传输

5.1.2.2　监测系统主要特点

（1）简单、可靠、稳定；

（2）瞬时、直接测量出砂冲蚀情况；

（3）探头可以是嵌入式安装的，也可以是插入式的（图 5.8）；

（4）不需要现场校准；

（5）不受噪声干扰；

（6）高灵敏度，能在低速流、高黏性流中检测出微小颗粒。

商业侵入式出砂监测系统录取的输出曲线及其对应出砂率曲线实例如图 5.9 和图 5.10 所示。

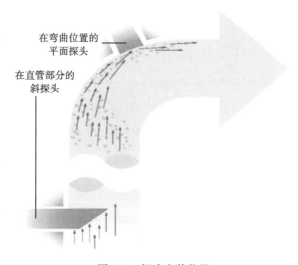

图 5.8　探头安装位置

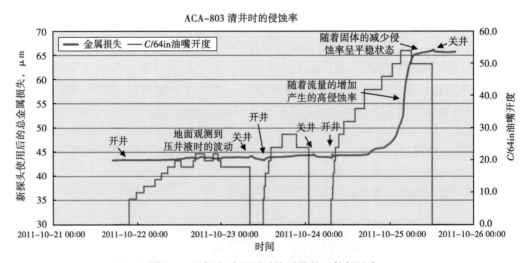

图 5.9　现场出砂监测系统测量的元件侵蚀率

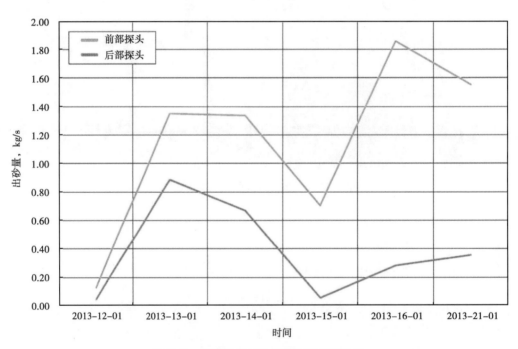

图 5.10　监测软件录取的典型出砂率曲线

5.1.2.3　与超声波出砂检测器/监测器的异同点

　　超声波测量基于检测管壁外的高频声音,这些声音由管道中流动介质产生,或者在此情况下由介质中的颗粒产生。超声波是由流动介质本身或颗粒撞击管壁内部时产生的。管壁就像一层膜,从颗粒中吸收能量,管壁外侧的传感器捕捉这种超声波形式的能量。传感器经过调谐或校准,可以在我们所听到的任何声音频率范围内拾取声音,如砂、煤粒、液体、气体等。由传感器捕捉的信号在传到电脑之前,通过传感器核心部件进行电子处理。

电脑存储所有数据，并以图表形式呈现在屏幕上。

超声波测量不计量颗粒总数，也不测量颗粒大小。测量数据基于管壁上捕捉的超声信号，因此不可能知道颗粒总数和颗粒大小。例如，同样噪声值可能是由单个大颗粒撞击管壁产生，也可能是由许多小颗粒撞击管壁产生。估算颗粒大小或者数量需要很低的频率，以至于可能有捕捉到其他噪声源的危险。这类测量与下列不确定性来源有关：

（1）颗粒尺寸、密度和表面特性；

（2）粒子撞击位置相对于传感器位置；

（3）砂粒速度和流体速度；

（4）测量点上液体/气体/固体的分布；

（5）局部流动状态（管道几何结构）；

（6）其他噪声源。

例如，将一个信号从一个纯数据值转换成每秒砂粒克数，自然取决于能够评估流动介质的速度、管道直径等。与正确值有重大偏差很可能造成测量结果的错误解释。

可以通过以下方法减少或消除上文提及的突出问题。

（1）选择合适传感器，必须对涉及的砂粒或者能量在合适频率范围内敏感，以确保捕捉正确信号。

（2）传感器电子单元过滤和处理超声波信号，去掉除砂粒噪声外的其他噪声源信号，可最大限度地减少其他信号源产生的有害背景噪声。

（3）通过砂注入测试进行大量校准。重点推荐使用现场实际数据对测量进行重复校准。

5.1.3　出油管线、管道和工艺容器中的砂样

取样是检测出砂的传统方法，通常使用与含水率取样相同的设备和程序。习惯上通过取样点从出油管线提取最小量液体。将伴生气排出，并检查液体中是否有砂子。可以预期样品中出砂量非常小，粒度通常也很小（50～250μm），经过过滤、称重加上显微镜下检查，从而提供最佳的分析路线。如果过滤作为取样的一部分，可能限制从井中取样的速率。过滤器容易破坏砂样，使其失去价值。

当砂在容器中聚集时，减少了液体可利用体积，使得液体滞留时间减小，油水分离效率降低。液体体积减少也使液面控制更加困难，因为液面对入流量和出流量（阀门开度）的变化更加敏感。沉积砂也可能限制液面控制仪的排出管线。当液体具有腐蚀性（水+溶解的 CO_2）且容器材料（例如低合金钢）不抗腐蚀时，最终沉积砂可能导致砂面以下的容器壁腐蚀。

以往人工除砂前，目测关机、泄压容器及出口是检测出砂的主要方法。然而，由于已有许多喷射冲洗技术能够在不进入容器的情况下进行除砂，因此需要利用非侵入式容器检测方法监测砂子堆积的情况。

当容器在使用时，监测容器中累积砂的一般方法有：

（1）热成像。热成像工作原理是利用相机观察容器清洗过程，相机捕捉热量信号。容器中的砂和污泥与容器中其他物质有温差。相机将捕捉这种温度上的差别，并建立砂和污泥的轮廓，因为累积砂出现在容器底部的寒冷地区。热成像不适用于绝热容器。

（2）中子背向散射。配制中子背向散射发射器。

（3）伽马透射。配制伽马发射器。

（4）超声波。超声波方法通过容器壁和流体来传播声能脉冲，然后设备监听反射信号。耗费的时间和信号的性质表明反射声信号接触面的性质。

（5）压式传感器（重量测量）。用于监测除砂旋流器下方采集容器中的砂聚集情况。

（6）闭路电视（CCTV）。在低压充水容器中，目测出砂情况也可以使用辅助装备安装相机来完成。

5.2 砂运移

理想生产条件是将所有进入井筒的砂粒举升到地面。然而，存在各种情况降低了砂粒举升到地面的效率。这些结果引起井筒问题，这些问题大致可分为：

（1）高速问题，因冲蚀和冲蚀增强后产生的腐蚀造成，特别是井筒和井控设备内高速、高湍流区域。

（2）低速问题，因砂粒沉积造成，例如油管桥堵，井下安全阀、钻具遇卡等井设备故障。

在高效油井和气井中，与产液中出砂有关的主要问题是冲蚀。这种情况下，容许出砂程度的过于保守估计将给生产带来不必要的限制（例如使用砾石充填来降低冲蚀风险的提议）。若具备更准确的容许出砂程度方面的知识后可以在不影响装备完整性的情况下去掉这些限制。

另一方面，对于低效井，其主要风险是产量损失，是在采取补救措施前砂堵造成的。根据出砂量，确定从井中连续除砂的速度，具备上述知识可以预知此类状况发生，并在损害前采取措施。

上述讨论进一步验证了出砂预测及制订综合出砂管理策略的必要性。

研究砂运移是能够从出砂预测进步到综合出砂管理能力的重要组成部分，这需要知道有多少砂应该被运到地面，以及出砂对地面设备的影响。砂的密度比水、油和气的大，故易于沉积，除非有向上的流动来阻止砂粒沉积。这种向上流动可以由湍流产生。

在水平流动中，有三种基本运移方式：

（1）砂粒滞留在管道底部（不运移）；

（2）大量砂粒以爬行方式在管道底部运移；

（3）砂粒均匀分布在流体中。

对于垂直向上流动，又有三种方式：

（1）砂粒滞留（不运移）；

（2）砂粒大都向上运移，但是部分随时间下沉；

（3）悬浮流。

对于垂直向下流动，砂粒总是向下移动。可以以两种方式发生：砂粒刚好沉降和悬浮流动。砂粒沉降时会缓慢充满管道，导致局部流速增加，直到砂粒堆积停止。流速增加时沉积砂进入油气流，形成携砂流。为保证砂粒处于悬浮中，流动状态必须是湍流，并且流速必须超过沉降速度。

在单相流（气、油、水）中，当雷诺数大于 2500 且充分发展到 10000 以上时，湍流开始形成。在速度为 1m/s 时，气体和水的流动一般为湍流。油黏性越大，层流越可能在实际流速中发生。对于水平流动，处于悬浮状态的砂粒，湍流必须能够对抗砂粒重力。如果局部流动速度超过沉降速度就会发生湍流。为了实现这种状态，平均流速必须多次超过沉降速度（合理值为 10 次）。对于垂直向上流动，速度限制稍微不那么严格，但是却要求湍流，以阻止砂粒运移到管道侧面。因为管道侧面的上行速度最小且砂粒易沉降。对于垂直向下流动，也必须实现湍流，以防止砂粒运移至管道中央。因为管道中央的下降速度最大。

注意，计算的沉降速度只是个近似值。砂粒不是完美球体，并且速度很难精确测量，尤其是考虑粒度分布时。计算速度很容易是实际速度的 2 倍。

在多相流中，出砂通常与流相和流态相关。在水平段，由于分层或者波浪分层，流态几乎没有影响。其他流态下，砂粒通常处于悬浮状态。在层流中，砂粒只能被流体携带，要么悬浮，要么爬行式移动。在段塞流和涡流中，砂粒会被混合在流体中，但是探测系统必须应付其交替暴露在气体和液体中的情况。在雾流中，砂粒可能悬浮在气体中，但也可能在液滴里面。在环流中，砂粒可能沿着管壁随流体运移，砂粒依据各自流态以不同方式运移。因此，流态变化可能对出砂探测器上的信号产生较大影响。例如，段塞流发生时，砂粒可能影响到安装在管道中间的探测器，但是在层流中，砂粒不能影响到中部探测器。然而，即使探测器安装在管道底部，响应也可能受到怀疑。

当砂粒没有在悬浮模式下运移时，我们可以预期采集砂样和出砂探测器的探测都会受到影响，因为到达探测器的砂粒（如果它真的到达的话）不能代表流动中的所有砂样。探测器响应会变得非常依赖流速，因为流速稍大一点可能就会将更多的砂粒带进流体中。此外，最重的颗粒会落在底部，只有较小的颗粒会到达探测器或取样探头。

如果采样速度过大，就会吸入额外的小颗粒。基于砂粒撞击物体的出砂探测器（声波探头和腐蚀探头）的一个极端例子是取样探头的采样速度为 0。这些探头偏爱大一些的砂粒，如果速度较低更是如此。在较高黏度下，这类问题也变得更加显著。

5.3 地面设备管理

夹带在储层流体中的砂粒和其他固体在井口可能引起不同问题。例如，容器中沉积砂会引起工作容积损失，也可引起砂面下的腐蚀。在速度较高时，其通常与流体有较高的气液比有关。由固体颗粒撞击管道、设备、阀门产生的冲蚀也能引起完整性问题。因此，在地面设备可能出现出砂的地方，能够量化出砂效果是非常重要的，以便考虑实施综合出砂管理方案来适当减缓这些影响（图 5.11）。

虽然出砂对地面设备的影响，不论是油嘴冲蚀，还是在生产分离器中的砂沉积，都可以单独评估，但必须采取综合的出砂管理方法。这是因为它有可能减缓井底或井口出砂或出砂的影响。在评估阶段必须考虑相应选择的优缺点。例如，防砂筛管不能阻止所有出砂，且久而久之，其性能会变差。主要是它们还影响流体流入井筒，影响产量。同样地，除砂器会引发压降，也实现不了砂子的完美分离。因为某一种具体的设备不能保证解决相应点的出砂问题，因此，完井工程师需要知道各种技术的局限性和风险，权衡使用单项技术。

生产设备中出砂特点，例如沉降和冲蚀率，取决于粒度分布、密度、形状和浓度等特征。为了设计允许出砂的地面设备，能够预测哪些地方有砂沉积是很重要的。如果砂粒沉积在不希望出现的地方，例如生产管线中，沿着管线的压降会增加且会发生砂面下的腐蚀，

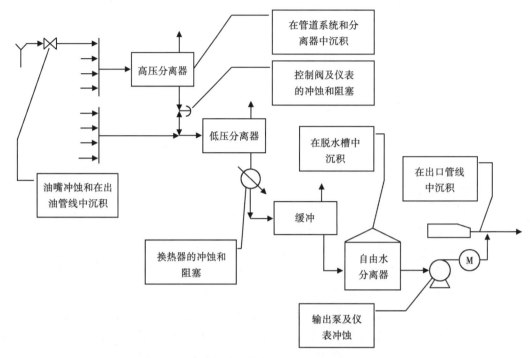

图 5.11 典型出砂场景的例子（来源：Moriwawon）

也会给清洗操作期间带来清管器卡住的风险。在分离器中，沉积砂可以减小流体的有效滞留时间，导致分离效果变差。这可能是生产延期的主要原因。

对于大多数地面设备，砂粒最可能沉积在一级液分离器中，因为该处流速相对较低。部分较小的砂粒随着油气或者水相运移，在缓冲罐或者自由水分离器中沉降，因为在这些地方的滞留时间非常长。

必须首先检测有害沉积砂，然后清除它们。清砂是很困难的过程，涉及漫长的与冲洗和清洗操作相关的现场关井。如果能识别存在潜在的沉积砂，应在设计阶段给出说明，预先安装自动冲洗系统从而防止沉积砂的聚集。

由于井下完井未达到最佳性能或者完井失败，其生产速度低、含水率较高（流体黏度较低），生产管线中的砂沉积最可能发生在老设备中。生产管线和管道系统中沉积砂造成的潜在有害影响包括：

（1）减小管道系统和生产管线的容积，导致压降增大和沉积下的腐蚀（因为砂粒容许腐蚀环境的形成）；

（2）如果工作条件突然改变，会引起冲蚀，形成局部携砂流；

（3）生产管线、管道清洗过程中可能引起清管器卡住；

（4）有堵塞倾向的阻塞，会在很短的时间内，导致内部部件的严重冲蚀；

（5）堵塞仪表盘带，引起错误数据处理；

（6）伴生微量放射性垢的积累。

6 防砂完井策略

井或储层出砂被认为是一个全生命周期的问题，由于勘探、钻井、生产和增产等作业因素的限制，随着时间的推移会发生变化。因此，在钻井之前所作的预测不能说在钻井期间或钻井之后以及生产作业期间是有效的。

制订出合理的出砂管理策略是对出砂预测的逻辑延续。实时的出砂预测具有很大的行业前景，特别是要想制订经济明智的防砂策略和防砂方法，这对任何油藏管理团队来说都十分容易。完井类型的选择和设计、筛管的部署、砾石充填设计和地面设备的管理，都能通过对出砂量进行预测，使上述问题变得更简单。

实时出砂预测也会为安全高效地钻井和开采提供巨大的优化潜能。这样做总体降低了全生命周期的成本，提高了油田的经济效益。

有了合理的出砂预测，下一步就是建立适当的出砂管理方法来限制或控制出砂，其分为以下两大类：

（1）被动防砂包括限制油气井的产量低于临界产量，这就意味着限制油气井的生产率。

（2）主动防砂包括三种方法，即井底砂面控制、补救防砂和有固相控制设备的地面防砂。

6.1 防砂定义

防砂可以说是代表了利用所有的程序、技术和装置将来自破碎储层的被流体携带出来的砂子挡在或固结在储层里面的一项技术。

任何防砂完井的具体目标是：

（1）最大化产能；

（2）最小化储层伤害；

（3）尽量减少承重砂和细粒砂的迁移和大量砂侵入。

6.2 防砂方法

这里有两种主要的防砂方法：被动和主动防砂方法。

6.2.1 被动防砂

被动防砂方法是减轻砂的运移和产生。一个典型的例子是基于预期的失效时间和最大生产压差的相关知识采用最佳的产量限制，这样就可以阻止出砂。防砂的总体目标是防止砂子和储层流体一起出来。

被动防砂方法看起来简单，但处理起来困难。限制产量以减少出砂需要彻底了解岩石的地质力学特性、与井的相互影响以及作业窗口。防砂问题更多依靠的是主动防砂方法。

6.2.2 主动防砂

主动防砂方法大致可分为井下或砂面防砂、地面防砂和补救防砂方法。砂面防砂方法通常依赖于井下过滤介质，该介质过滤地层沙粒，同时允许流体从地层中流出或进入地层，这取决于油井是生产井还是注入井。主动防砂方法被分为"井底筛管""砾石充填"和"无筛管完井"（"压裂充填""化学固结"等）。

地面防砂方法依赖于在井口安装地面过滤器，或将其作为地面设备的中央处理设施的一部分，以便于除砂。这些设备包括过滤器单元，除砂器，膜系统。补救防砂代表了修井情况下的井下砂面防砂完井所需的所有方法和技术。

选择合适的控制方法取决于对关键储层和油井数据的收集和分析，以及严格的实验室分析，这些都会增加油井成本。该工艺过程复杂，其成功与否取决于储层质量和作业条件。这就是为何不同的公司采用不同的策略得出不同结果的原因。这些关键决定因素是：

（1）经济性；

（2）产量、采收率、设备；

（3）完井；

（4）在海底或是平台；

（5）HSE 管理限制；

（6）结果的风险评估。

风险评估包括：

（1）油井的作业范围；

（2）完井寿命、可靠性；

（3）应用风险；

（4）操作风险；

（5）干预原则；

（6）油藏管理。

6.3 井底防砂

主动井底防砂包括：

（1）衬管系统：割缝衬管、预打孔衬管、膨胀割缝/预打孔衬管。

（2）筛管系统：包括可膨胀的；特别适用于大位移（ER）井和水平井；易受机械损坏；由于高冲蚀不推荐裸眼气井使用。

（3）砾石充填：一般认为是最廉价和最可靠的方法。

（4）压裂充填。

（5）无筛管完井。

其中，无筛管完井包括：

（1）化学固结：受完井井段的限制。

（2）组合方法：包括使用树脂覆膜砂。

（3）压裂和充填：压裂和充填即进行砾石充填，它是对地层进行有控制的造缝并用砾石（或者是支撑剂）充填裂缝，以达到防砂效果。利用此防砂方法，会产生一个非常宽的、充填支撑剂的水力裂缝。在常规水力压裂处理后的下一个阶段，裂缝的宽度会扩展。在造出所需要的裂缝长度后，进行裂缝端部脱砂，进一步支撑裂缝，填充支撑剂。压裂充填处理是为了让裂缝穿过近井眼储层伤害带，增加与中、高渗层状储层的连通。砾石充填完井技术是一种很有前景的技术，适用于近井地带伤害严重的井。针对具体应用，应综合考虑储层性质、地层类型、损害类型、操作成本和预期效益等，优化压裂充填技术。

（4）定向射孔：在弱固结砂岩地层和地应力差别比较大的地层中，定向射孔把最小地应力方向作为靶点。它通常能减少地层的破坏包络线。

本章重点介绍筛管系统和砾石充填防砂完井。正确选择和设计这些防砂方法取决于对地层砂和井眼固体结构特性的准确认识。

6.4　地层取样和岩石物性分析

本章的重点是岩石物性分析的流程，包括：

（1）地层取样，以获得地层砂的代表性样品；

（2）详细筛分分析；

（3）粒度分析和形状分析。

6.4.1　地层取样

获取具有代表性样品的最佳方法包括：

（1）通过测井的实时粒径分析，为智能砂管理的未来提供最好的前景。

（2）全岩心取样，如果岩心比较破碎，就无法实现。

（3）对于侧壁岩心，利用 1in 左右的取心钻头在储层段明确的深度取心。

（4）通过对砂岩产层钻屑的录井、沉积学研究，获取具有代表性的样品。

6.4.2　粒度分析

粒度大小和分布的相关知识对设计筛管系统的割缝尺寸和砾石充填支撑剂的尺寸来说十分重要。对物理粒度大小的分析可以分为三种方法：

（1）用标准筛进行干筛分析；

（2）湿筛分析；

（3）使用激光粒度分析仪（LPA），选择 LPA 必须考虑 LPA 的模糊程度。

商业用途的 LPA 的代表包括莫尔文分析仪和定量电视显微镜分析仪。LPA 的优势是对样本的需求量小（少于 2g），而干筛分析最少需要 20g 的样本。典型地层颗粒物粒度的分类与文思沃斯（Wenthworth）根据粒度大小和百分数确定的分类一致，如图 6.1 所示。

典型的颗粒大小可以用英寸、毫米、微米或目数表示。目数大小与实际粒度成反比。百分比尺寸可以是 d_5、d_{10}、d_{20}，一直到 d_{90}。d_{90} 被认为是百分之九十的大小，其可以筛出百分之九十的颗粒物。

典型的干筛分析包括以下步骤：

（1）分解颗粒；

（2）称重样品；

（3）将标准筛筛孔大的放在上面，从上到下，依次逐渐减小标准筛筛孔；

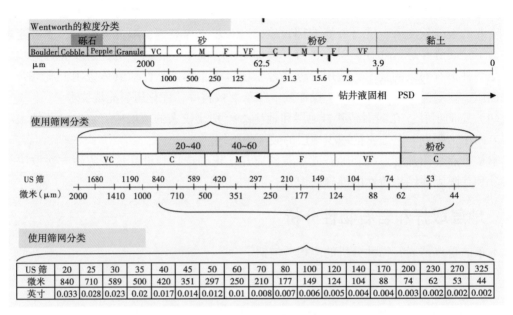

图 6.1 Wentworth 粒度分选（来源：George King[13]）

（4）将标准筛放在摇动筛粉器上（图 6.2）；

（5）将已称重的颗粒物倒在筛网顶部；

（6）利用摇动筛粉器以标准振幅振动一段时间，通常最少为 10min，取决于体积的大小；

（7）测量每个标准筛捕获的重量。

最终结果见表 6.1。

图 6.2 筛网/摇动筛粉器

表 6.1 典型样品的标准筛结果

筛网尺寸，mm	重量，g	质量分数，%	累计质量分数，%
0.425	10	7.193	7.193
0.355	10	7.193	14.386
0.30	15	10.79	25.17
0.25	10	7.19	32.37
0.212	5	3.6	35.96
0.18	3.96	2.85	38.81
0.15	15.07	10.84	49.65
0.125	0	0	49.65
0.09	50	35.963	85.62
0.063	10	7.193	92.81
0.045	10	7.193	100
0.032	0	0	100

根据以上数据，将累计质量分数和筛分筛网尺寸标注在半对数图上（图6.3）。质量分数也可以根据筛网的大小绘制出来。

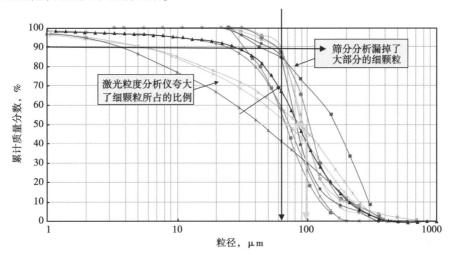

图6.3　典型地层砂粒径分布图，肩形图

6.4.2.1　LPA 与干/湿筛分析对比

LPA 更常用，可以一步生成累计质量分数和每个颗粒的体积浓度。然而，经验显示干/湿筛分析方法提供的粒度更具有代表性。对于 LPA 来说，其最大的挑战是模糊度，它会影响结果。

综上，可以计算关键的岩石物性内容包括：

（1）平均尺寸（d_{50}）；

（2）分选情况；

（3）均匀系数。

如图6.3所示，平均尺寸为 $d_{50}=100\mu m$。

6.4.2.2　分选

分选代表了地层砂的全部粒度分布。这个分析的典型公式包括两部分。

（1）沉积学公式：

$$S = \frac{\phi_{84} - \phi_{16}}{4} + \frac{\phi_{95} - \phi_5}{6.6} \tag{6.1}$$

$$\phi = -\lg_2 d$$

分选分类的标准是：

$S<0.35$	很好	$0.35<S<0.5$	好
$0.5<S<0.71$	较好	$0.71<S<1$	中等
$1<S<2$	差	$S>2$	很差

图6.3中，ϕ_{84}为3.88mm；ϕ_{16}为2.18mm；ϕ_{95}为4.18mm；ϕ_5为1.74mm；ϕ为颗粒累计质量分数；S为颗粒的尺寸。

其中ϕ_{84}表示累计质量分数达到84%时所对应的颗粒尺寸，并以2取底所得相反数；余同理。

$S=1.91$ 表示分选差。

（2）贝格公式：

$$S = \frac{\phi_{90} - \phi_{10}}{2} \tag{6.2}$$

分选分类标准为：$S<1$ 好，$S>1$ 差

其中，ϕ_{90}——3.94，ϕ_{10}——1.89。

在这个例子中，根据贝格公式可知：$S=1.025$，分选差

6.4.2.3　均匀系数

均匀系数 C 定义为

$$C = \frac{d_{40}}{d_{90}} \tag{6.3}$$

式中　d_{40}——累计质量分数达到40%时所对应的颗粒尺寸；

$\quad\quad d_{90}$——累计质量分数达到90%时所对应的颗粒尺寸。

其判断依据为：$C<3$，均匀砂子；$C>5$，不均匀砂子。

6.5　井底筛管系统

储层完井中出砂是个十分复杂的问题，有多种不同的方法来实现防砂。有效的防砂方法必须实现下列主要目标：

（1）产能最大化；

（2）防止细粒及承重砂运移；

（3）减少因微粒堵塞、压缩、水垢等引起的地层伤害。

要实现这些关键目标，就需要采用综合方法来完成存在砂层问题储层的完井设计。因此，在采用任何防砂方法之前，应明确油藏特点和防砂设计的原则。

特别是筛管完井，这可能需要对整个完井技术/模式进行彻底地更改。在全世界报道的许多筛管失效案例中，特别是水平井，其主要原因是筛管完井缺乏连贯的方法。这些失败主要归因于以下3点。

（1）筛管堵塞：穿过筛管的高压降、局部的流入和环流产生局部热点、细砂和黏土颗粒。

（2）错误的程序、材料或者是设备的选择，包括有问题的筛管安装方式、酸腐蚀、不正确的井眼清洁、无效的油基钻井液清洗、无效的防砂、不恰当的筛管选择和筛管冲蚀七方面（特别是在气井中）。

（3）储层特征较差，表现在储层破碎、砂粒结构特征（粒度分布、分选等）差、出水形成砂堵。

任何有效的筛管完井必须遵循综合完井策略，该策略不仅包括有效管理和控制松散储层的固相运移，还包括通过以下途径有效管理井筒颗粒：

（1）通过有效的钻完井流体固相控制、选择流体类型和配方来合理优化流体；

（2）最优的井眼清洁；

（3）最优的筛管下入技术；

（4）选择前进行最优的风险评估和筛管金属挂片试验。

市场上有超过 9 种不同的筛管，但当前没有针对单个筛管的选择标准。表 6.2 给出了商业筛管和相应供应商的示例。

表 6.2　商用筛管系统

序号	筛管类型	供应商
1	Rod-Based & Pipe-Based Wire-wrapped Screen	Johnson Screen Company
2	Premium Screen	Baker Oil Tools
3	Excluder Screen	Baker Oil Tools
4	Stratapac/Stratacoil	Pall Corporation
5	Conslot Screen	Conslot Corporation
6	Expandable Screen System（ESS）	Weatherford
7	ResSHUNT，ResQ	Reslink/Schlumberger
8	Purolator/PoroPlus	Wesco/Halliburton
9	Meshrite	Secure

下面将讨论不同的筛管系统。

6.5.1　割缝筛管

割缝筛管（SL，图 6.4）是最简单便宜的筛管。通过固态激光技术，能在所有一般的

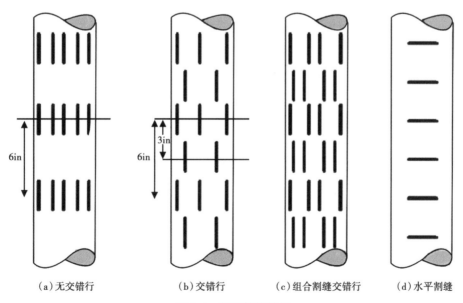

（a）无交错行　　　（b）交错行　　　（c）组合割缝交错行　　　（d）水平割缝

图 6.4　割缝筛管结构

油管材料上获得高质量的割缝（0.006in），包括不锈钢。割缝筛管由于割缝和流入面积较小，容易堵塞。割缝堵塞可能由烃、结垢和腐蚀引起。割缝筛管主要用于浅层陆上作业井和低成本作业井，在这些作业中，需要将成本降到最低，在质量上会做出一些妥协。

6.5.2 绕丝筛管

绕丝筛管（WWS，图6.5）是将绕丝绕在打孔或割缝基管上的一类筛管。将绕丝间隔成所需要的宽度，并使用楔形绕丝以获得自清洁作用。绕丝筛管比其他筛管更容易受到冲蚀。小的缝隙会导致过流面积减少，湍流增加，堵塞的风险也会相应增加。

绕丝筛管经常使用在中粒度到粗粒度的储层。绕丝筛管比割缝筛管具有更大的过流面积，尽管在使用割缝筛管时没有出现已知的生产限制情况。与割缝筛管相比，绕丝筛管的成本更高。如果割缝筛管不能满足排砂要求，绕丝筛管还可以作为割缝筛管的备用。更小尺寸的绕丝筛管已经成功地用在了割缝筛管里面，可最大限度地减少出砂量。

6.5.3 焊接式绕丝筛管

全焊接筛管比绕丝筛管系统具有更好的机械特性。筛缝可以被加工到 $50\mu m$（0.002in），这个尺寸基本能直接拦下所有地层砂。焊接式绕丝筛管（图6.6）具有良好的外内径比。另外，通过筛管设计改进了通过筛管的流动模式，使其具有非常锐利的棱角轮廓，减少了筛管堵塞的风险。材料类型能够接受二氧化碳作业，但会被氧化。

图6.5 绕丝筛管 　　　　　　　　　　图6.6 焊接绕丝筛管

6.5.4 选择性隔离筛管

选择性隔离筛管（图6.7）是传统绕丝筛管的一种变体，目的是通过在套管井中砾石充填完井提高修井作业的成功率。这种筛管价格昂贵。

6.5.5 预填充衬管（PPL）

预填充衬管是一种组装的同心衬管，它比割缝筛管更加昂贵。

6.5.6 预填充筛管（PPS）

预填充筛管（图6.8）仅仅是将同心的筛管装配到一起并填充支撑剂进行加固。就防砂效果而言，这种设计的筛管更加灵活。但是，特别是在大斜度井和水平井中，筛管与套管或裸眼井接触时，它们容易受到机构损伤。用树脂粘接砾石可以最大限度地降低丢失充填物的风险，但会导致充填物易碎，在弯曲时可能会开裂。被用来黏合砾石的树脂不耐酸。这种筛管的外内径比一般较差。预填充筛管包含四种类型，如图6.9所示。其中：

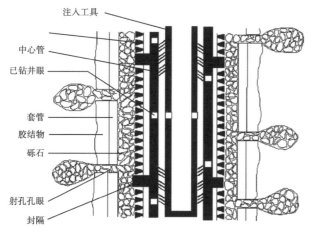

图6.7　选择性层位隔离筛管示意图

图6.8　高级预填充筛管

（a）单层预填充筛管

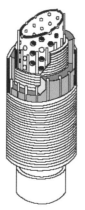

（b）双层预填充筛管

（c）薄体预填充筛管

（d）烧结填充筛管

图6.9　不同类型的预填充筛管

（1）单层预填充筛管为一层筛网加打孔的中心基管。这是使用最广泛也是最坚固的预填充筛管。

（2）双层预填充筛管为两层筛网加打孔的中心基管。这种筛管用于高产气井。

（3）薄体预填充筛管被广泛用作替代绕丝筛管。

6.5.7　多孔烧结金属筛管（Sinterpak）

烧结网由不锈钢（或其他合金）在高温高压下烧结成型的圆柱壳体组成，烧结的外筛网焊接在打孔的中心管上。烧结金属筛管坚固、耐酸（包括土酸），并且适用于大狗腿、大斜度井和水平井中。这种筛管喉道尺寸小、易堵塞。成本是这种防砂手段的主要难题，烧结筛管的花费是绕丝筛管的近两倍。

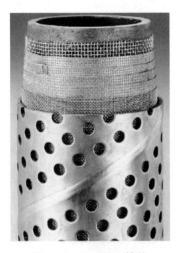

图 6.10　Stratapac 筛管

6.5.8　多孔金属膜筛管（Stratapac and Stratacoil）

Stratapac 筛管（图 6.10）相比传统筛管设计是一种较新的技术。这种筛管由轻薄的复合材料不锈钢板做成的多孔金属薄膜夹在打孔的 API 中心基管和外部具有保护作用的保护罩组成。这种多孔金属薄膜具有很高的弹性和柔韧性，允许极端变形而不丧失完整性。过油管筛管（Stratacoil）已商用，需要通过小尺寸生产管柱，因此对临界外径有要求。

Stratapac 筛管被广泛用于低成本补救性防砂。这种筛管被设计得十分紧凑，内外径比低，据称比预填充筛管具有更好的流入特性，并具有更强的抗损坏能力和较高的抗拉强度。

Stratapac 筛管使用各种尺寸的砾石组合（筛管更耐用的防砂方式），以前被用作主要的防砂手段。这种筛管吸引人的特点是他们相对于其他筛管的机械强度更好，它们在弯曲和受挤压后仍能保持防砂能力，并且抗酸。

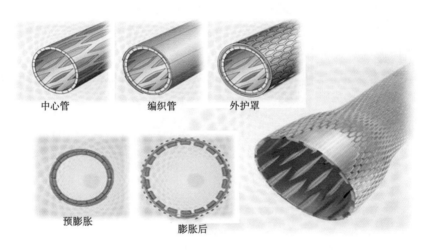

中心管　　　　　编织管　　　　　外护罩

预膨胀　　　　　膨胀后

图 6.11　可膨胀筛管

6.5.9　可膨胀防砂筛管

可膨胀防砂筛管（ESS）是一种最常用的防砂筛管，其用割缝或打孔的中心基管制成，用于支撑井眼和筛网、防砂（各种尺寸的筛孔），有外部保护罩（在部署和使用寿命期间保护筛管）。ESS 的主要特性有：

（1）较大的流入面积；

（2）容易安装；

（3）良好的井眼支撑。

ESS 的试验结果数据表明其有以下优点：

（1）井筒表皮值低；

（2）不允许流到筛管外导致筛管冲蚀减少；

（3）更大的内径可以方便地进行修井，任何有问题的区域都可以单独进行隔离并替换；

（4）高抗腐蚀、冲蚀、耐堵塞和抗坍塌。

表6.3给出了一些目前筛管设计的优缺点：

表6.3 筛管设计的优缺点

筛管类型	优点	缺点
焊接绕丝筛管	（1）低堵塞趋势； （2）便于清洁； （3）可以定制尺寸； （4）适用于高含水井	（1）对机械伤害的容忍度一般； （2）细小的产物可能引起顶部或人工举升部件出问题
绕丝筛管	（1）低堵塞趋势； （2）便于清洁； （3）十分适合均匀的大颗粒地层； （4）抗腐蚀性强； （5）廉价的选择	（1）对机械伤害的容忍度一般； （2）细砂可能引起地面设备或人工举升部件出问题； （3）有限的抗冲蚀性，特别是大尺寸下； （4）割缝宽度的质量控制十分重要
选择性隔离筛管	（1）高固体阻隔能力； （2）当钻井流体没有钻屑时卓越的清洁堵塞能力； （3）保护罩带来的抗冲蚀能力； （4）高抗腐蚀	（1）细砂可能引起地面设备或人工举升部件出问题； （2）价格昂贵
Sinterpack（多孔烧结筛管）	（1）当钻井流体没有钻屑是具有可接受的清洁能力； （2）和PPS相比具有更低的内外径比	（1）很低的固相容忍度； （2）充填物的低抗冲蚀； （3）对机械伤害容的忍度很低
Stratapac（多孔金属膜筛管）	（1）能抵抗机械伤害； （2）当钻井流体没有钻屑是具有可接受的清洁能力； （3）高抗腐蚀性； （4）零出砂； （5）相比预填充筛管内外径比低	（1）很低的固相容忍度； （2）价格昂贵
Stratacoil（多孔金属膜筛管；过油管筛管）	（1）能穿过油管应用； （2）在给定外径下的大内径； （3）能抵抗机械伤害； （4）适用于修井防砂； （5）相比预填充筛管内外径比低	不适用于高粉砂和黏土产出的地层（低固相容忍度）

6.5.10 特殊筛管

6.5.10.1 ResSHUNT

ResSHUNT™是由 RESLINK 公司生产的新一代筛管，适用于砾石充填和压裂充填应用，其特点包括：

（1）比现有筛管的过流面积大（$5\frac{1}{2}$ in 中心基管和 $7\frac{1}{2}$ in 外径，或者 $6\frac{5}{8}$ in 中心基管和 8.2in 外径）；

（2）筛管可以像套管一样安装使用；

（3）中心基管是传统的套管长接头（>40ft）；

（4）所有作用在筛管上的力都由基管承担；

（5）安装时分流管不挂起；

（6）喷嘴可根据位置变化；

（7）在钻台上连接组装；

（8）没有跳线连接器要做；

（9）大大减少了组装和安装的时间；

（10）4 个或更多的 1in 或 3/4in 分流管；

（11）基于 Reslink 坚固的 LineSlot™筛管设计；

（12）分流管在母管和绕丝之间受保护；

（13）精确的、一致性的割缝提供了优秀的防砂效果。

其优点包括：

（1）促进整个区间内砂子的排出；

（2）缩短了钻机的使用时间，其接头与套管类似；

（3）坚固性和光滑的外表面确保了裸眼和套管射孔段的的无风险下入；

（4）大内径对油气开采有利。

6.5.10.2 ResQ

ResQ™是一种预充填筛管，其利用编织的不锈钢丝夹套来挡砂。这是一种吸收能量的防砂筛管，目的是提供一种高抗冲蚀的筛管。编织网的联锁和环形结构使其坚固，大的环（2~3mm 或 0.08~0.12in）能最大限度地降低细砂堵塞的风险。这种编织网可由多种厚度

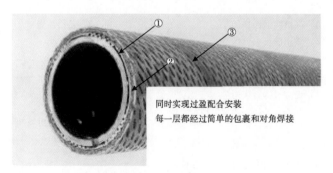

同时实现过盈配合安装
每一层都经过简单的包裹和对角焊接

图 6.12　ResQ 筛管
①—排液层；②—多层编织网；③—能够抵抗机械伤害的保护罩

的钢丝，不同材质、不同股数的编织线等制成。编织网生产过程中所接触的压实度可以改变其密度和孔隙率。

6.6　筛管设计准则

筛管设计准则包括但不局限于筛缝尺寸（对于外部绕丝）、预填充厚度（对于预填充筛管）、预填充支撑剂尺寸和类型（对于预填充筛管），中心基管的打孔密度、筛管外壳的直径和如何使筛管在有或无钻井液流动条件下最佳地工作。其他关键问题包括地层粒度、结构特性分析（地层取样和结构分析的详细信息见 6.5 节）和井筒流体管理，包括堵漏材料的选择。

6.6.1　割缝尺寸

目前的工业实践中，筛管筛缝尺寸的选择一般是基于地层砂 d_{10} 的尺寸。

Coberly 准则为：筛缝尺寸为 $2\sim3d_{10}$；

改进的 Coberly 准则为：

（1）筛缝尺寸为 $2d_{10}$；

（2）筛缝尺寸为 d_{10}；

（3）筛缝尺寸为 d_{50}（焊接缝）。

上述标准假定在桥接发生前的出砂量最小。

出砂程度判断标准为：

（1）出砂量超过 10%时，出砂程度高；

（2）出砂量低于 10%时，出砂程度中等；

（3）出砂量低于 1%时，出砂程度低。

6.6.2　支撑剂尺寸和预填充厚度

6.6.2.1　支撑剂尺寸

目前的行业惯例，支撑剂尺寸的选择仍然遵循 Saucier 或改进的 Saucier 准则，定义为：

支撑剂 $d_{50}=5\sim6d_{50}$ 地层砂

或

支撑剂 $d_{50}=4\sim8d_{50}$ 地层砂

对于合成树脂支撑剂，建议其尺寸大于 Saucier 准则更为有效。

6.6.2.2　预填充厚度

预充填厚度没有既定的标准，根据制造商的不同，其范围可从 0.23in 的低预填充（Halliburton 和 Johnson 筛管）到有时高达 0.6in 的超级填充（Johnson 筛管）。筛管制造商会对预填充厚度的选择给出指导。最好的方法是对不同预充填厚度的有效性进行全面的室内评价试验。总的来说，目前对砾石充填的研究显示 Saucier 准则太笼统，砾石尺寸可能比 Saucier 准则所建议的尺寸要小或大得多，这取决于作业条件。

6.6.3　中心基管打孔密度与筛管保护罩外径

6.6.3.1　中心基管打孔密度

不同的供应商有不同的中心基管打孔密度。范围是：

（1）2⅞ in 外径中心基管：Halliburton 筛管为 102mm；Johnson 筛管为 108mm。

（2）3½in 外径中心基管：Halliburton 筛管为 126mm；Johnson 筛管为 108mm。

对于中心基管打孔数的选择，推荐考虑的潜在因素有适当的流入面积和摩擦系数。

6.6.3.2 筛管保护罩的外径

筛管保护罩外径很大程度上取决于筛管类型和供应商对于井眼大小的分析。标准作业采用常规 API 标准，根据裸眼大小，按照套管尺寸计算。

筛管的尺寸用基管的公称外径（OD）表示。对于给定的井眼尺寸，筛网的最佳尺寸是以下因素之间折中的结果。

（1）尽量将内径（ID）最大化，以将摩擦压降降低到最小，从而最大化工具的下入外径尺寸。

（2）尽量减小筛管外径和砂面间的间隙，以减少筛管后面的砂和流体的流动。

（3）筛管和砂面间留有足够的间隙，以达到最佳的安装效果。

筛管材料规格应在了解预期生产条件的情况下进行评估。对筛管来说最主要的是在油井的生命周期里保证持续发挥防砂作用。特殊合金制成的筛管显然十分昂贵并且质量控制也更加严格。保护罩通常由 AISI 304L 和 AISI 316L 不锈钢制造（AISI——美国钢铁协会）。大多数情况下，中心基管是由碳钢制成。AISI 规格能够很好应对生产井中的 CO_2 和至少 120℃的高温。然而，这些合金在氯化物和氧气的存在下易发生点蚀、裂纹和应力腐蚀开裂（AISI 316L 比 AISI 304L 具有更高的抗腐蚀性）。为了降低腐蚀的风险，修井或钻井盐水的 pH 值应保持在 9 以上。当不可避免地长时间接触时，应使用除氧剂。例如 Sanicro 28 或者 Incoloy 825 合金在相同的温度范围下，无论有无 CO_2，均适用于高或较高 H_2S 等级（最高可达 5bar 分压）。

在不影响筛管机械完整性的前提下，考虑安装和运行过程中机械载荷的影响，以均匀分布的筛缝或基孔数量最多为目标。然而，对于割缝筛管，其经济性要求尽量减少割缝的数量，因为成本与割缝数量成正比。较大的入流面积有利于保持流体低速流过割缝，它能减小冲蚀。

6.6.4 筛管选择标准

在筛管的选择上没有明确的行业标准。总的来说，根据每个个例应该进行严格的试验来选出合适的标准。

一般来说筛管的选择准则必须遵循堵塞基准测试与筛管对储层流入响应的简单随机分析。

堵塞试验应关注以下操作参数，以测试固相对筛管系统的损害：

（1）流速和压力；

（2）砂粒结构形态，包括尺寸、粒度分布（分选）和形状。

井底筛管的设计目的是让大多数地层颗粒"桥接"在筛缝上，同时提供最大的流体过流面积。较小的地层颗粒被留在较大的"桥接"颗粒后面，可以使用多种筛管。

筛管优点包括：

（1）在水平井中的表现最好；

（2）安装简单廉价。

筛管缺点包括：

（1）较小尺寸的筛孔制造起来有一定难度；

（2）较细的砂粒需要较小的筛孔，导致筛孔处产生较大的紊流；

（3）在安装和生产时，筛管被堵塞的概率很高；

（4）低到中等的冲蚀速度能够冲刷掉筛网；

（5）高地应力可以导致机械破坏。

筛管适应性：

筛管能够用于任何井，即使是大斜度井和水平井。

6.7　砾石充填完井

砾石充填通过筛网保持砾石的过滤能力来防砂。最优大小的砾石被放置在地层附近，并通过典型的绕丝筛管进行定位。这些砾石的尺寸应该能阻挡地层砂。砾石充填能在射孔套管（IGP——内部砾石充填）或者裸眼（EGP——外部砾石充填）使用。在填充砾石前，一般要对裸眼进行扩眼。充填也能在铣掉一段套管后进行（MCUGP——磨铣套管，扩眼，砾石充填）。

砾石充填的过程通常包含了井眼的有效清洁，然后将砾石充填筛管放置在储层对面的区域。将适当浓度的砾石钻井液泵入筛管与裸眼之间的环空，或筛管与套管之间的环空，并注入射孔孔眼中，直到无法泵入。砾石沉淀在环空，而携砂流体通过筛管进入冲管并返回到地面（图6.13）。

内部砾石充填是套管射的井中具有较高的可靠性和灵活性。内部砾石充填在较小的环空中放置砾石，比外部砾石充填要复杂得多，因为需要将砾石通过射孔孔眼挤进去。修井比较困难（特别是对于多段完井），因为通常需要在修井或重新完井前清除筛管、封隔器和砾石。内部砾石充填适用于多种地层类型（比如：砂岩、页岩、黏土或粉砂含量高的砂层）。尽管理论上产能指数应该是射孔完井的产能指数，但产能低下的现象经常出现。

6.7.1　砾石充填的设计和安装

砾石充填的设计和安装主要取决于以下关键因素：

（1）井的准备工作；

（2）地层砂的特征；

（3）砾石或充填砂的选择；

（4）砾石分布的设计；

（5）砾石充填后的评价。

6.7.1.1　井的准备工作

在产层使用低固相或者无固相钻井液十分重要。上述低固相或无固相钻井液含盐或者是碳酸钙堵漏材料。在砾石充填装置下入之前，井筒的清理工作非常重要，包括通过使用挂壁器和滤饼溶剂清除滤饼。使用低或无固相、低当量循环密度的清洁液，可有效地清除井筒内的岩屑，这对减少砾石充填堵塞和伤害至关重要。

对于套管完井以下内容是必不可少的：

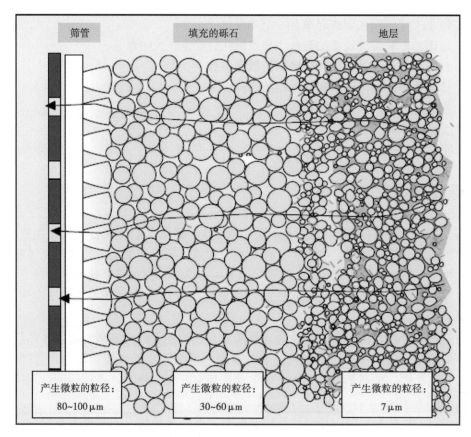

图 6.13　典型的裸眼砾石充填

（1）在下入套管前去除滤饼；

（2）挂壁器或使用滤饼溶剂清洁套管；

（3）较大的射孔穿深；

（4）射孔的清洁：负压射孔、反冲洗、射孔冲洗（建议用于高度松散的砂层）；

（5）射孔孔眼的尺寸与密度：1/2in 孔眼，8~12 孔/ft；

（6）90°相位或"一点五十分"方向或"两点四十五分"方向的结构。

6.7.1.2　地层砂的特征描述

对砾石充填来说有效的地层特征描述是粒度分布必须满足 6.8 节中的内容。粒度分布是由使用孔眼尺寸逐渐降低的筛网对砂子进行一系列筛分所决定的。筛分分析的结果以累计质量百分比与对应的筛孔（粒度）尺寸描绘在半对数图上。从图中可以确定以下参数：

（1）粒度中值 d_{50}，这是在尺寸分析中对应 50% 的颗粒尺寸；

（2）砂子的分选排序；

（3）均匀系数，利用 d_{40}/d_{90} 计算；

（4）砂子的形状。

6.7.1.3　砾石的选择及尺寸

砾石的选择标准包括：

（1）砂子的粒度分布、分选和形状；

（2）砾石的类型、形状和结构；

（3）砾石充填在当前工作条件和井眼结构下的桥接效率；

（4）主要堵孔机理；

（5）短期和长期的表现。

选择合适的砾石需要评估很多因素。这些因素包括砾石的尺寸、质量和渗透率。

（1）砾石尺寸。

①砾石尺寸最广泛的标准是 Saucier 准则，定义为 d_{50}（砾石）＝ $5 \sim 6 d_{50}$（砂）；

②对于分选差的砂子、气井、裸眼高产井、套管砾石充填井：

$$Gravel = 3 \sim 4 d_{50}（砂）$$

③对于低产、均匀分选的砂子的裸眼完井：

$$Gravel = Saucier 准则$$

④对于合成树脂砾石：

$$Gravel = 6 \sim 7 d_{50}（砂）$$

典型的商用砾石尺寸见表 6.4。

表 6.4　典型的商用砾石

砾石尺寸，μm	网眼尺寸，μm	平均尺寸，μm
150×425	40/100	300
200×425	40/70	330
250×425	40/60	350
425×825	20/40	630
575×1175	16/30	880
825×1650	12/20	1260
975×1650	12/18	1340
825×1975	10/20	1410
1175×1975	10/16	1590
1650×2350	8/12	2020

合成支撑剂普遍用于预充填射孔孔眼，低密度砾石充填系统（LDGS）也普遍用于长水平井的砾石充填。

（2）砾石质量。

优质砾石的典型特征是圆度和球度高，耐酸、耐破碎、多晶粒率低，粉砂和黏土含量低。其能抑制滤饼在射孔孔眼壁上的形成。

（3）砾石渗透率。

疏松砾石充填层的渗透率越高，防砂能力越差。特别对于内部砾石充填，砾石和砂子混合的结果是导致渗透率降低。

（4）砾石充填筛缝。

设计筛缝用来挡住充填砾石。砾石充填筛缝尺寸等于90%充填砾石尺寸的粒度分布。

6.7.1.4　砾石分布设计

砾石分布设计考虑的关键因素有：

（1）间隔的长度；

（2）砾石含量；

（3）携砂液类型和性能；

（4）完井技术——裸眼或者套管完井；

（5）冲管尺寸，它是筛管内径的0.8倍；

（6）砾石分布技术，携砂液充填的挤压充填。

砾石分布技术包括两方面：

（1）对于裸眼完井，转换工具、分流填充或携砂液填充技术是最常用的。对于大斜度井和水平井，结合最佳冲洗管尺寸的 α 和 β 波携砂液充填技术是最受欢迎的。

（2）对于套管完井，通常采用两级挤压充填射孔孔眼，然后采用常规充填环空。

砾石充填的问题包括：

（1）大量细颗粒物的产出；

（2）高表皮系数；

（3）差的砾石尺寸；

（4）粉砂或砂的侵入。

6.8　化学固结作用

化学固砂（SCON，图6.14）是一种将含有固化剂的流体注入地层，使固化后的砂粒之间形成粘结的防砂方法。由于胶结物将砂粒包覆并粘结在一起，在处理后会丧失一定的渗透性。成功的施工必须提供固结层所需的额外强度，同时尽可能保持地层渗透率。化学固结体系多种多样，例如 EPOSAND 和 WELLFIX。

6.8.1　化学固结优势

（1）化学固砂能够简化复杂的完井（没有硬件阻碍井眼）和减少修井花费；

（2）没有砾石充填那么明显的地层伤害；

（3）由于需要更少的设备，成本更便宜（通过油管或连续油管作业）。

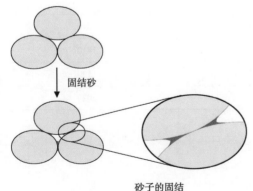

固结砂

砂子的固结

图6.14　化学固结

6.8.2 化学固结劣势

将化学药剂注入到预定的位置对成功防砂
非常重要，这种施工间隔必须是 3~4m。但这种限制可能被新工具和新技术解除，比如精确的封隔器。

6.8.3 化学固结应用

（1）固结方法严格要求相对干净的地层砂（净毛比不低于 75%）。

（2）最好应用在地层渗透率大于 500mD 的地层，低渗透率砂可能会影响固结效果。

6.8.4 化学固结的化学类型和程序

（1）处理井筒附近地层，使砂粒粘结；

（2）通过所有的射孔孔眼处理地层；

（3）固结成的砂块必须对井内流体保持渗透性；

（4）固结状态必须始终保持不变；

化学固结包括两种主要的处理方法。

（1）环氧树脂（三步处理）：异丙醇预冲洗，然后泵入树脂，再加入黏性油，将树脂挤出孔隙空间。该方法一次只能处理 20ft，最高温度为 100℃，最大黏土含量为 20%。

（2）呋喃树脂、酚醛树脂和硅氧烷：比环氧树脂有更高的温度范围，但固结过程容易发生脆性破坏。他们都是不稳定的化学物质。

与其他防砂方法一样，在着手化学固砂的工作之前要考虑许多因素。

（1）温度。

由于在化学固砂中使用了有机聚合物，固结体系的许多关键性能与固化前、固化期间和固化后的温度有关。为了到达预定的位置，系统需要通过导管泵入地层，直到黏度增加到聚合物无法再注入的程度。从原理上讲，能够安全进行这种操作的最高温度是井底温度的上限。实际应用中，在许多情况下，将盐水沿油管向下注入，冷却地层是可行的。最后，要确保化学固砂施工工具能够满足井底温度的上限条件（比如膨胀式封隔器）。这种限制取决于设计，并且可以从工具供应商处获得。

（2）地层类型。

一般来说，化学固砂适用于可能包含多种污染物（如黏土）的砂岩和疏松砂岩地层。但是，黏土伤害带的注入能力低，化学固砂难以实施。这种情况下，酸化作业可提高注入能力。

（3）裂缝延伸压力。

裂缝是高导流通道，这些高导流通道可能会导致树脂在井眼周围分布不均，发展出未经处理的低渗透条带。这种条件下，固结砂体系的防砂效果就会很差。

（4）施工间隔。

施工间隔有下限值，这是由于在精确的深度放置小体积的流体存在困难等。但是，实际的限制取决于所使用的工具。另一方面，没有证据证明施工的间隔有上限。但为了提高对分布的控制，施工间隔一般会受到限制。不过，这种限制只是定性的。

（5）地层流体。

当固结砂进入地层，它与之前填充在孔隙空间中的流体相遇，这些地层流体会干扰固结砂体系的微观分布。例如，气体仅仅是堵塞通道就会阻止固结砂到达所有的裂缝。另一方面，原油会干扰有机粘合剂的黏附，从而导致机械强度降低。采用适当的冲洗方法，如在地层的近井筒区域冲洗原油，可将原油的影响降至最低，如用柴油冲洗。最后，盐水会对现有的固结砂体系产生不利影响，因为它会和体系在微分布阶段相互竞争。大多数的固结砂体系与硅酸盐矿物的相互作用比脂肪族矿物油更强。但是，由于具有高极性和形成氢键的能力，水与大多数硅酸盐类矿物的结合比固结体系更强。水会干扰树脂的微分布，这会降低和损害固砂体系的机械强度。因此，原始地层中的盐水需要被完全除去。

6.9　防砂方法选择

防砂技术的选择应该考虑到的重要因素有：（1）设计的复杂性；（2）施工的复杂性；（3）机械强度；（4）井产能；（5）修井原则；（6）油藏管理需求；（7）预期可靠性；（8）砂子质量；（9）多重间隔；（10）井的类型（注入或生产井）；（11）专业知识；（12）出砂风险；（13）堵塞风险；（14）冲蚀风险；（15）出砂史；（16）耐砂度；（17）HSE 因素；（18）单一或混合产物。

为最优选择制订合适的排序标准是非常有用的。图 6.15 给出了一个通用的经验指南。

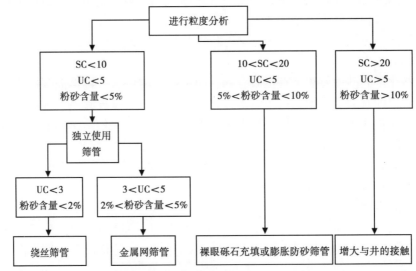

SC：分选系数（d_{10}/d_{95}）　UC：均匀系数（d_{40}/d_{90}）　粉砂<45μm

图 6.15　防砂方式选择通用的经验指南（来源：SPE[14]）

7　多相固体运移

从储集岩中产出的石油是数百种不同碳氢化合物的复杂混合物，这些碳氢化合物具有不同的密度和其他物理特性。典型的井内流动是高速、紊乱、不断膨胀的混合气体和碳氢化合物液体与水蒸气、游离水、固体和其他污染物相混合。当它们从高温高压的油层流出时，井内流体会经历持续的压力和温度降低。气体从液体中分离，水蒸气凝结成水，一些井内流的性质也由液体转变为自由气体。气体携带液滴，液滴携带气泡。

无论在海上还是陆上，油气流体通过井口向上输送到生产管汇或工艺设备，管道输送（图 7.1）都伴随着上述现象的变化。例如在管道中加入适当的阻垢剂、水合物抑制剂和降阻剂，就会增加多相流体的复杂性。

图 7.1　长运输管线

对于深水环境，与中央生产设施长期连接的海底开发正成为深水开发中最经济、最具成本效益的方法（图 7.2、图 7.3）。在这样的深水环境中，多相流体生产和出砂是不可避免的。海底开发/回接会面临出砂和多相流动问题。

图 7.2　海底回接的例证

图7.3 海底回接固体沉淀示意——一种流动保障问题(来源：Bell[15])

在超深水和成熟油田，夹带出砂的多相流入是不可避免的。多相环境中的砂运移是一个挑战，因为固体的瞬间流态变化和存在的巨大压降。固体的运移有很多形式：速度足够高的悬浮、滚动和跳跃(图7.4)。保障流动的关键问题是管内必须没有砂床。如果流体流速低于滚动或跳跃所需的最小输送速度，砂粒就会沉降形成砂床，并可能堵塞管道。考虑到可能与管道堵塞相关的油井数量，任何管道堵塞的经济影响都是巨大的。因此，了解管道多相流砂运移机理，考虑流型的连续变化，直接影响海底回接管线估算、设计和详细分析。

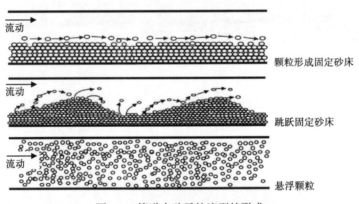

图7.4 管道中砂子的流型的形成

一般情况下，当管道或回接管线中存在多相流体流动时，会形成不同的流动模式。特定模式的形成取决于流速、流体特性、管道尺寸和压降剖面，研究流型对砂子在多相流中运移的影响对砂子的运移机理来说十分重要。有效的砂子运移需要跟踪多相流通过管道时的流型变化。

精确的固体运移模型依赖于充分可靠的流体动力学描述和预测。为了建立多相生产中最小输运速度的精确预测模型，有必要了解流体流动与砂粒运动相互作用的机理。受升力和阻力等驱动力的影响，颗粒在不同的流型下的运动方式也不同。这种举升力和阻力系数是半经验的，需要充分的实验和理论研究。

7.1 多相流流型

同时通过一段管道的气体和液体通常引起各种流型。两相流或三相流是离散相（气体或多种流体）的同时流动。这些阶段在石油或相关工业中很常见。对于海底深水开发，多相生产是不可避免的，特别是在回接管线中。

在生产管柱和长回接管线中，多相流体由气、油、冷凝水、地层水、化学抑制剂（水合物抑制剂和阻垢剂、防结块剂等），还有生产固体组成。多相流是一种瞬态流动，并伴随着流型的改变。它取决于流体流量、流体性质、管道尺寸、井眼轨迹以及相应的压降。流体在管道中的存在形式，使得管道内流型的概念给多相流体的理解带来了新的挑战。井眼可以是水平的、接近水平的、垂直的，或者是所有这些的组合，取决于轨迹。对于长回接管线，管线穿过不同地形造成了不同的管道角度。

对于气—油—水抑制剂相，流型可分为四大类，每一类又可细分为子类，具体描述如下：

（1）层流（子类：光滑层流、波浪层流）；

（2）间歇流（子类：长条泡沫、段塞流、搅动流）；

（3）环状流（子类：微环流）；

（4）气泡流（子类：气泡流、分散气泡）。

就本文而言，流型被分为：

（1）分散气泡流；

（2）环状流（适用于含地层水、冷凝水、水合物抑制剂等低水气比的出水产气地层）；

（3）雾状流；

（4）段塞流；

（5）塞流（在垂直管道部分）；

（6）层流（在大斜度和水平管段）。

多相流流型的定义见表 7.1。如图 7.5 所示为生产完井管柱中可能存在的一种或多种多相流模式。在生产井中，随着流体沿生产油管向上流动，存在压降和温度的变化，会发生流型转变现象。

表 7.1 多相流流型的定义

流型	特点	发生条件
环形分散流	气流沿着油管中心或部分以飞沫的形式在中央。液体在管壁处部分形成环流	在气体极高速度并且液体速度较低的情况下
分散泡状流	气象以不连续的形式分布在轴向连续的液相中。增加液体流动来防止气泡堆积和使其均匀分布在液相中	发生在十分高的流速下。由于极高的液体速度和低的气/油比，分散的泡状流将占主导
段塞流	液体段被结合的气泡分离开。这种断断续续的流型被证实在流体被分割成段和长气泡流型时产生	在中等液体速度时，液将形成液体的滚动波。滚动波增加到形成段塞流的程度，有时也称为塞流

续表

流型	特点	发生条件
涡流	它和段塞流相似，但有强烈混乱的液体垂直振荡运动。这种情况下，液体段塞部位的连续性被高浓度的气体破坏	在环流和段塞流的液体和气体的速率之间发生。流速进一步增加使得这种流型变得不稳定
环形分散流（ADF）	液体部分像连续薄膜一样围绕管周运动，部分像小水滴一样分布在气象中	出现在十分高的气体速度和低液体速度下
层（波状）流（SWF）	其特征是流体分为不同的层，轻的流体在重的流体之上	由于液体和气体的低流速，平滑或波状层流将会产生。其界面可能是平滑或者波状的，因此叫做波状层流
（间歇）段塞流	液体段塞被合并的气泡分开。这种断断续续的流型被证实在流体被分割成段和长气泡流型时产生	在中等液体速度时，液将形成液体的滚动波。滚动波增加到形成段塞流的程度，有时也称为塞流

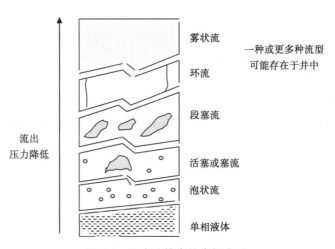

图 7.5　生产油管中的多相流型

如图 7.6 和图 7.7 所示为垂直和水平管道的多相流模式，其取决于管道的地形。对于垂直管道，多相流随着压降递减的主要流型有：

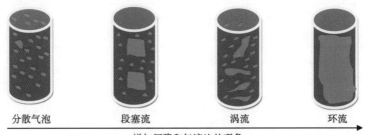

图 7.6　垂直管中的多相流型

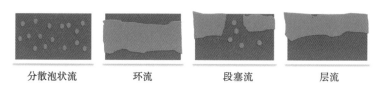

| 分散泡状流 | 环流 | 段塞流 | 层流 |

图7.7　水平井管中的多相流型

（1）分散泡状流；

（2）段塞流；

（3）涡流（等同于段塞流）；

（4）环流；

（5）雾状流（被证实是由高速气流通过油嘴系统和液体回落井中引起的）。

在油占主导的体系中，可能的流型是分散泡状流和间歇流。对于相对较低的气液比，会出现分层结构，即液体在底部流动，气体在上部流动。从设计人员的角度来看，能够准确地预测给定输入流量、管道尺寸和流体特性下的流型是非常重要的。只有这样，才能采用合适的流动模型。

7.2　井眼和管线内的多相流分析

生产系统建模涉及井筒和地面管线多相流的大量计算。在现有的多相流模型中，没有一种能很好地满足油气田所遇到的所有条件[15-17]。

一般来说，将指定体积的流体从 A 点运送到 B 点所需的压力包括：

（1）摩擦产生的部分；

（2）海拔产生的部分；

（3）管道输送压力。

压力损失为：

$$p = \Delta p_f + \Delta p_{el} + \Delta p_{acc} \tag{7.1}$$

式中　Δp_f——由摩擦引起的压力损失；

　　　Δp_{el}——不同海拔高度引起的压力损失；

　　　Δp_{acc}——流速变化引起的压力损失。

在水平管道布置中，由海拔引起的压力损失为 0，因此总的压力损失仅仅是由摩擦和加速度引起的。根据经验，相对于垂直或倾斜布置，预测持液率对于计算水平管道的压力损失不是很重要，但是持液率仍然需要计算。

管中有摩擦引起的压降可以表示为

$$\Delta p = f_{tp} \frac{L}{D} \rho_m \frac{U_m^2}{2} \tag{7.2}$$

式中　f_{tp}——两相摩擦因子；

　　　L——管道长度；

  D——管道直径；

  U_m——混合物速度；

  ρ——滑动混合密度。

$$\rho_{slip} = \rho_L H_L + \rho_G H_G \tag{7.3}$$

式中　ρ_{slip}——气液混合相密度。

  海拔引起的压降定义为

$$\Delta p_{el} = \rho_m g L \sin\theta \tag{7.4}$$

式中　L——段长；

  g——重力加速度；

  θ——与水平面的夹角；

  ρ_m——现场混合物密度。

  摩擦因子 f 取决于管流的雷诺数 Re：

$$f = f\left(Re, \ \frac{e}{D}\right) \tag{7.5}$$

式中　$\dfrac{e}{D}$——管道相对粗糙度。

  对于层流（$Re<2000$），f 可以估算为

$$f = \frac{64}{Re} \tag{7.6}$$

  两点间压差可以用 Bernoulli 方程表示为

$$p_1 - p_2 = \lambda\,\frac{L}{d}\,\frac{\rho v^2}{2} + \sum \xi \frac{\rho v^2}{2} + (\rho_2 g h_2 - \rho_1 g h_1) + \frac{\rho_2 v_2^2 - \rho_1 v_1^2}{2} \tag{7.7}$$

  式（7.7）的右边四项代表管柱引起的摩擦，分别是局部摩擦、重力、势能差和动能差。由于管道多相流的复杂性，人们提出了不同的压降计算方法。表 7.2 中给出了一系列例子的统计。

表 7.2　多相流系数举例

垂直流动的多相流系数	解　释
Poettmann 和 Carpente（1952）	在两相中间滑动并且不考虑流态
Baxendell 和 Thomas（1961）	在两相中间滑动并且不考虑流态
Fancher 和 Brown（1963）	在两相中间滑动并且不考虑流态
Hagedorn 和 Brown（1965）	在两相中间滑动但不考虑流型
Gray（1978）	在两相中间滑动但不考虑流型
Asheim（1986）	在两相中间滑动但不考虑流型
Duns 和 Ros（1963）	在两相间滑动并考虑流型，不使用于水侵的井
Orkiszewski（1967）	在两相间滑动并考虑流型
Aziz 等（1972）	在两相间滑动并考虑流型
Beggs 和 Brill（1973）	在两相间滑动并考虑流型，考虑管弯头垂直向上
Mukherjee 和 Brill（1985）	在两相间滑动并考虑流型，考虑管弯头垂直向上

公式 7.7 中多相流中的压力梯度通常可以写作：

$$\frac{\mathrm{d}p}{\mathrm{d}L} = \rho_\mathrm{m} \frac{g}{g_\mathrm{c}} \sin\theta + \frac{f_\mathrm{tp}\rho_\mathrm{f} v_\mathrm{m}^2}{2g_\mathrm{c}d} + \frac{\rho_\mathrm{a} v_\mathrm{m}}{g_\mathrm{c}} \frac{\mathrm{d}v_\mathrm{m}}{\mathrm{d}L} \tag{7.8}$$

根据不同作者的分析，上述方程存在许多变化。其中最流行的是 Beggs 和 Brill 模型。Beggs 和 Brill 提出的两相流一般压力梯度系数分为两部分，写作：

$$\frac{\mathrm{d}p}{\mathrm{d}L} = \frac{2f_\mathrm{tp}\rho_\mathrm{ns} v_\mathrm{m}^2}{d_e} \tag{7.9}$$

式中　f_tp——两相摩擦系数；

　　　ρ_ns——无滑动密度；

　　　v_m——混合物速率。

所使用的方程取决于当前的多相流模式。

7.3　流型的相关性

Beggs and Brill 提出的预测适用于水平和垂直管中气液两相流流型预测的相关计算公式如下：

$$N_\mathrm{FR} = \frac{v_\mathrm{m}^2}{gD} \tag{7.10}$$

$$\lambda_\mathrm{L} = \frac{q_\mathrm{L}}{q_\mathrm{L} + q_\mathrm{G}} \tag{7.11}$$

$$L_1 = 316\lambda_\mathrm{L}^{0.302} \tag{7.12}$$

$$L_2 = 0.0009252\lambda_\mathrm{L}^{-2.4684} \tag{7.13}$$

$$L_3 = 0.10\lambda_\mathrm{L}^{-1.4516} \tag{7.14}$$

$$L_4 = 0.50\lambda_\mathrm{L}^{-6.738} \tag{7.15}$$

式中　L_1，L_2，L_3，L_4——中间参量；

　　　λ_L——液体流量占总流量的百分比；

　　　N_FR——弗鲁德系数；

　　　v_m——流体速度；

　　　g——重力加速度；

　　　D——管道内径。

下面的计算将决定 Beggs and Brill 所建议的流型。

层流中存在：

$$\lambda_\mathrm{L} < 0.01, \ \text{且} \ N_\mathrm{FR} < L_1$$

或

$$\lambda_\mathrm{L} \geqslant 0.01 \ \text{且} \ N_\mathrm{FR} \leqslant L_2$$

段塞流中存在：

$$0.01 \leqslant \lambda_L < 0.4 \text{ 且 } L_3 < N_{FR} \leqslant L_1$$

或

$$\lambda_L \geqslant 0.1$$

或

$$L_3 < N_{FR} \leqslant L_4$$

气泡流或分散气泡流，存在：

$$\lambda_L < 0.4 \text{ 且 } N_{FR} \geqslant L_1$$

或

$$\lambda_L \geqslant 0.4 \text{ 且 } N_{FR} > L_4$$

过渡流存在：

$$\lambda_L \geqslant 0.01 \text{ 且 } L_2 < N_{FR} \leqslant L_3$$

7.4　持液率

对于水平管道和倾斜表面的两相流，大部分压降预测都要求对两个关键参数，即持液率和两相摩擦系数进行精确预测。这两个参数的可靠性很大程度上决定了压降预测的准确性。

Beggs and Brill 定义了不同流型下的持液率。每种流型 H_L 的表达式如下。

对于层流：

$$H_L = \frac{0.98\lambda^{0.4846}}{N_{FR}^{0.0868}} \tag{7.16}$$

式中　λ——液体流量占总流量的百分比。

对于段塞流：

$$H_L = \frac{0.845\lambda^{0.5351}}{N_{FR}^{0.0173}} \tag{7.17}$$

对于分散流：

$$H_L = \frac{1.065\lambda^{0.5824}}{N_{FR}^{0.0609}} \tag{7.18}$$

包含液体含量和混合物流速的 Froude 数为

$$N_{FR} = \frac{v_m^2}{gd} \tag{7.19}$$

$$\lambda = \frac{q_l}{q_l + q_g} \tag{7.20}$$

$$v_m = \frac{q_l + q_g}{A_p} \tag{7.21}$$

下面是用来计算持液率和压降的例子。

（1）计算总流量 U_M：

$$U_M = U_{SL} + U_{SG} \tag{7.22}$$

式中　U_{SL}——液体流量；

　　　U_{SG}——气体流量。

（2）计算持液率 λ_{ns}：

$$\lambda_{ns} = \frac{U_{SL}}{U_{SL} + U_{SG}} \tag{7.23}$$

（3）计算 Froude 数 N_{FR}：

$$N_{FR} = \frac{U_M^2}{gd} \tag{7.24}$$

（4）计算液体速度系数 N_{Lv}：

$$N_{Lv} = U_{SL}\left(\frac{\rho_L}{g\sigma_L}\right)^{0.25} \tag{7.25}$$

（5）要确定水平流动时可能存在的流型，需要计算相关参数 L_1，L_2，L_3 和 L_4。

$$\begin{cases} L_1 = 316\lambda_{ns}^{0.302} \\ L_2 = 0.0009252\lambda_{ns}^{-2.4684} \\ L_3 = 0.10\lambda_{ns}^{-1.4516} \\ L_4 = 0.5\lambda_{ns}^{-6.738} \end{cases} \tag{7.26}$$

（6）根据以下条件确定流型。

层流：$\lambda_{ns}<0.01$ 且 $N_{FR}<L_1$；或 $\lambda_{ns}\geq0.01$ 且 $N_{FR}<L_2$

过渡流：$\lambda_{ns}\geq0.01$ 且 $L_2<N_{FR}\leq L_2$

段塞流：$0.01\leq\lambda_{ns}<0.4$ 且 $L_3<N_{FR}\leq L_1$；或 $\lambda_{ns}\geq0.4$ 且 $L_3<N_{FR}\leq L_4$

分散流或分散泡状流：

$\lambda_{ns}<0.4$ 且 $N_{FR}\geq L_1$；或 $\lambda_{ns}\geq0.4$ 且 $N_{FR}>L_2$

（7）计算水平持液率 λ_0：

$$\lambda_0 = \frac{a\lambda_{ns}^b}{N_{FR}^c} \tag{7.27}$$

每种流型的常数 a，b，c 在表 7.3 中给出。

表 7.3　Beggs 和 Brill 的常数 a，b，c

流型	a	b	c
层流	0.98	0.4846	0.0868
段塞流	0.845	0.5351	0.0173
分散流	1.065	0.5824	0.0609

（8）计算倾角修正系数 C：

$$C = （1-\lambda_{ns}）\ln d\lambda_{ns}^{e} N_{Lv}^{f} N_{FR}^{g} \tag{7.28}$$

每种流型的常数 d，e，f 和 g 在表 7.4 中给出。

表 7.4　Beggs 和 Brill 的常数 d，e，f，g

流型	d	e	f	g
上升层流	0.011	−3.768	3.539	−1.614
上升段塞流	2.96	0.305	−0.4479	0.0978
上升分散流	无需校正			

（9）计算持液率倾角修正系数：

$$\psi = 1 + C\sin(1.8\theta) - 0.333\sin^{3}(1.8\theta) \tag{7.29}$$

式中　θ——相对水平轴线的夹角。

（10）计算持液率：

$$\lambda = \lambda_0\psi \tag{7.30}$$

（11）应用 Palmer 修正系数。

向上流动时：

$$\lambda = 0.918\lambda$$

向下流动时：

$$\lambda = 0.541\lambda$$

（12）当流动为过渡流型，使用下面进行平均计算：

$$\lambda = a\lambda_1 + (1 - a)\lambda_2 \tag{7.31}$$

式中　λ_1——假设为层流的持液率；

　　　λ_2——假设为段塞流的持液率。

其中

$$a = \frac{L_3 - N_{FR}}{L_3 - L_2}$$

（13）计算摩擦系数比：

$$\frac{f_{tp}}{f_{ns}} = e^{s} \tag{7.32}$$

其中：

$$S = \frac{\ln(y)}{-0.0523 + 3.182\ln(y) - 0.8725[\ln(y)]^{2} + 0.01853[\ln(y)]^{4}} \tag{7.33}$$

$$y = \frac{\lambda_{ns}}{\lambda^{2}} \tag{7.34}$$

（14）计算摩擦压力梯度：

$$(N_{\mathrm{Re}})_{\mathrm{ns}} = \frac{\rho_{\mathrm{ns}} U_{\mathrm{M}} D}{\mu_{\mathrm{ns}}} \qquad (7.35)$$

利用无滑动雷诺数计算无滑动摩擦系数 f'_{ns}，使用 Moody 的图表将它转换为 Fanning 摩擦系数 $f_{\mathrm{ns}} = f'_{\mathrm{ns}}/4$。两相摩擦系数为

$$f_{\mathrm{tp}} = f_{\mathrm{ns}} \frac{f_{\mathrm{tp}}}{f_{\mathrm{ns}}} \qquad (7.36)$$

摩擦压力梯度为

$$\left[\frac{\mathrm{d}p}{\mathrm{d}x}\right] f = \frac{2 f_{\mathrm{tp}} \rho_{\mathrm{ns}} U_{\mathrm{M}}^2}{D} \qquad (7.37)$$

7.5 多相流通过油嘴

油嘴流动通常处于"临界"或"音速"流动条件下（流体通过油嘴段的速度达到音速），以此将流动限制在所需的速率。流动变得不受下游的压力、温度或密度的干扰，因为干扰无法抵达上游。

多相流穿过油嘴的速率和上游压力的关系如下：

$$p_{\mathrm{I}} = \frac{A q_{\mathrm{L}} R_{\mathrm{P}}^{\mathrm{B}}}{d^{\mathrm{C}}} \qquad (7.38)$$

式中 p_1——上游压力，通常是井口压力；

     q_{L}——产液速率；

     R_{p}——生产气油比；

     d——油嘴直径；

     A，B，C——经验常数，见表 7.5。

表 7.5 两相临界流动相关经验常数

相关性	参考	A	B	C
Gilbert（1954）	[108]	10.0	0.546	1.89
Ros（1960）	[111]	17.4	0.5	2.0
Baxendell（1967]	[109]	9.56	0.546	1.93
Achong（1961）	[110]	3.82	0.65	1.88

7.6 管内的多相固体运移[18]

管线中的多相流固体运移机理依赖于多个参数，最重要的是运载流体的速度和固体颗粒尺寸。这两个参数也决定了固体颗粒运移时的流态。然而，关键的目标是保持固体颗粒悬浮和/或沿管道底部滚动，以防止砂床的形成。在运移未加工的油气藏流体时，避免多相流体中夹带的固体沉降十分重要。这可以通过将管道中的多相储层流体流速保持在一定水

平以上来实现——在本例中称为最小输送流速（MTV）。MTV 主要取决于夹带固体的类型和尺寸。如果固体沉降，可用于流动的管道面积将减少，流体速度可能会在开始时趋于增加，直到沉降固体完全堵塞流动部分为止。

根据管道中水—砂和水—油—气—砂多相流动的特性，建立了固体运移速度的控制方程。该数学模型包括由质量守恒定律、动量守恒定律导出的平衡方程、本构模型和阻力、重力、浮力、摩擦力、颗粒—液体湍流相互作用力、颗粒—颗粒相互作用力、颗粒—管壁相互作用力等所产生的力。

除了质量守恒定律、能量守恒定律和动量守恒定律外，还有其他一些定律控制着这些量在连续介质中从一个区域到另一个区域的运移速度。这被称作现象学规律。因为它们是基于可观察到的现象和逻辑，却不能由更基本的原理推导出来。这些速率或运移模型可表示为所有守恒量（质量、能量、动量、电荷等），一般形式为（Darby 2001）：

$$运移速率 = 驱动力/阻力 \tag{7.39}$$

预测固体—液体—气体流动的行为的能力对于成功设计和确定生产管柱和管道的最佳运行条件至关重要。这些类型的系统的力动力学可以通过物理实验和数值模拟来研究。

7.6.1　粒子动力学原理

通常，每当固体颗粒和流体间发生相对运动，固体颗粒将受到来自周围流体的拖拽和举升力。准确预测这些力对 MTV 的计算十分重要，并可以作为输入参数。

文献中提出了许多管线中固体运移模型。固体颗粒在管道中任何方向的流动的主要受力如图 7.8 所示。对于水平管道，主要的力是举升力（F_L）、拖拽力（F_D）、重力（F_G）和浮力（F_B）。重力和浮力被称为静态力，表示为

$$F_G = \frac{\pi d_p^3}{6} \rho_p g \tag{7.40}$$

$$F_B = \frac{\pi d_p^3}{6} \rho_f g \tag{7.41}$$

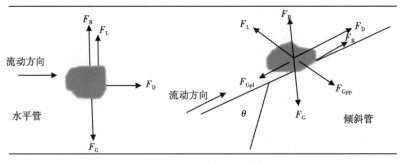

图 7.8　水平和倾斜管道中作用于固体颗粒上的力

这种举升和拖拽力被称为水动力，表示为

$$F_L = 0.5 C_l \rho_f V^2 A \tag{7.42}$$

$$F_D = 0.5C_D\rho_f V^2 A \tag{7.43}$$

举升力、拖拽力和浮力作用于粒子上的力矩倾向于引发运动，而重力产生的力矩倾向于阻止粒子运动。为了使颗粒产生运动，产生运动的力矩（$F_B+F_L+F_D$）必须大于阻止运动的力矩（F_G）。同时，如果向上的力之和大于向下的力之和，砂床上的颗粒也可以被抬升。这能表示为

$$F_B + F_L + F_D > F_G \tag{7.44}$$

$$F_B + F_B > F_G - F_D(滚动) \tag{7.45}$$

$$F_B + F_L > F_G(悬浮) \tag{7.46}$$

假设摩擦力在砂粒运动开始时为零。

在倾斜管面中，颗粒向上运移主要受的力有举升力（F_L）、拖拽力（F_D），重力（F_G）和摩擦力（F_R）。

对于重力：

$$F_{Gpl} = F_G\cos\theta(平行于管轴) \tag{7.47}$$

$$F_{Gpp} = F_G\sin\theta(垂直于管轴) \tag{7.48}$$

式中　F_{Gpl}——重力分解出平行于管轴的力；

　　　F_{Gpp}——重力分解出垂直于管轴的力。

摩擦力模型可以表示为

$$F_R = (F_G\sin\theta - F_L)f_s \tag{7.49}$$

$$F_R = F_{Gpp} - F_L \tag{7.50}$$

式中　f_s——砂粒与管壁间的摩擦系数。

7.6.2　最小运移速度的概念

砂粒运移的驱动力在瞬态多相流动环境中有些复杂。管线或回接管线中的多相流是一种瞬态现象。长回接管线中的油气多相流伴随着压降，这使多相流型通常由于液体—液体—气体流动速度、管线倾角和其他等因素导致其由分散气泡流转变为活塞流、段塞流、环流和层流。当固体颗粒通过管道中运移时，在给定不同的流动模式下，其所受到的驱动力不同（图7.9）。

实际中简化了其中复杂的现象，最小运移速度（MTV）的概念很好地描述了固体的物理运移机理。MTV的基本原则是确保固体在海底回接管线/管线或深井中运移，无论是翻滚、滑动或者不均匀悬浮等流态。该概念假设管道内的速度分布与通常情况相同，作用于管道低侧壁固体颗粒上的流体速度（图7.4）需要大于固体颗粒向上移动的最小输送速度。

因此，平均流速低于滚动MTV将导致静止砂床的形成。当速度小于悬浮MTV时，会导致固体沿管壁滑动。地层的压力是最高的，沿着海底管线流动的过程中，由于摩擦等因素的存在，流动压力逐渐降低，就会形成静止砂床，从而进一步降低砂粒的拖拽力。然而，这里的重点是将不同流型的速度剖面模型集成到固体运移模型的整体开发中，它是基于悬浮和翻滚的MTV预测模型建立的。第三章讨论了针对不同流型建立的速度剖面模型。

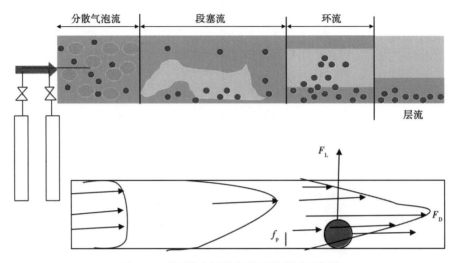

图 7.9 多相流和固体运移速度剖面示意图

7.7 最小运移速度模型

对于翻滚的固体颗粒，耦合 MTV 表示为

$$v_m = \left[\frac{ag d_p \left(\dfrac{\rho_p}{\rho_f} - 1 \right) (\cos\theta + f_s \sin\theta)}{C_D + f_s C_L} \right]^b \tag{7.51}$$

其中：

$$f_s = \frac{\sin\theta_c'}{\cos\theta_c'} \tag{7.52}$$

$$\theta_c' = 55 \frac{\pi}{180} \tag{7.53}$$

对于悬浮的固体颗粒，耦合 MVT 表示为

$$v_m = a \left[\frac{g d_p}{C_L \rho_f} (\rho_p - \rho_f) \sin\theta \right]^b \left(\frac{D\rho_f}{\mu_1} \right)^c \tag{7.54}$$

式中 C_D 和 C_L 是水力拖拽和举升系数，分别根据沉降速度和 MTV 滚动实验得到，ρ_p 和 ρ_f 是固体颗粒密度和流体密度，d_p 是粒径，a、b 和 c 是实验数据或数值模拟出的经验常数。

拖拽和举升系数的大小主要取决于固体颗粒的雷诺数，定义为

$$Re_p = \frac{\rho_f v_f d_p}{\mu_f} \tag{7.55}$$

式中　Re_p——颗粒的雷诺数；

v_f——流体速度，m/s；

d_p——粒径，m；

μ_f——流体黏度，mPa·s。

悬浮［式（7.61）］和翻滚［式（7.62）］的最小运移速度模型可以表示为

对于悬浮

$$v_m = A\left[\frac{gd_p}{C_1\rho_L}(\rho_p - \rho_L)\sin\theta\right]^B \left(\frac{D\rho_L}{\mu_L}\right)^C \tag{7.56}$$

对于翻滚

$$v_m = \left[\frac{Ad_p\left(\dfrac{\rho_p}{\rho_f} - 1\right)g(\cos\theta + f_s\sin\theta)}{C_D + f_sC_L}\right]^B \tag{7.57}$$

对于垂直管

$$v_m = A\left[\frac{gd_p(\rho_p - \rho_f)}{C_D\rho_f}\right]^B \tag{7.58}$$

其中

$$C_D = \frac{a}{Re_p^b} \tag{7.59}$$

$$C_L = \frac{c}{Re_p^d} \tag{7.60}$$

$$Re_p = \frac{\rho_f v_p d_p}{\mu_f} \tag{7.61}$$

式中　Re_p——颗粒雷诺数；

　　　a、b 和 c——实验数据或数值模拟出的经验常数。

有许多用来分析颗粒在多相环境中运移的软件包。一种用来实时分析在管线中，特别是海底回接管线中固体多相运移的新软件被 Intelligent Flow Solutions 公司（http：//www.intelligent-flow.com7）开发出来。

7.7.1　最小运移速度预测方法和智能多相动态检测

（1）对于给定的油管尺寸和角度、产量和流体 PVT 特性，计算平均流体速度；

（2）定义和跟踪主流多相流流态和相应的速度剖面。

（3）真实的速度剖面能够由层流和湍流计算和分析出。

$$v_R = \frac{f}{8}ReV\left[1 - \left(\frac{r}{R}\right)^2\right] \tag{7.62}$$

如果对于层流 $f = \dfrac{16}{Re}$，则

$$v_R = 2v\left[1 - \left(\frac{r}{R}\right)^2\right] \tag{7.63}$$

式中 v_R——管中横截面特定点的流体颗粒速度；

　　v——管线中流体的平均速度；

　　r——管线中心到流场中任意一点的距离；

　　R——管线半径；

　　Re——流体雷诺数，用来定义流态，层流或湍流；

　　f——流体流动摩擦因数，这是管粗糙度、流体流态和流体类型的函数。

基于上述内容，多相流的速度剖面模型见式（7.64）。这个模型强烈依赖于雷诺数和管道摩擦系数。

$$v_R = AfRe^B\left[1 - \left(\frac{r}{R}\right)^2\right]^C \tag{7.64}$$

式中 f——摩擦系数；

　　Re——雷诺数。

（4）对于生产层位出砂，需建立颗粒雷诺数和拖拽、举升系数。

（5）随后对于翻滚和悬浮相应的 MTV 进行计算。

（6）如果平均流速小于翻滚的 MTV，砂粒不会运移。

（7）当速度介于翻滚和悬浮的 MTV 之间，砂粒发生运移。

（8）如果预测出现静止砂床，则需要对砂床的高度进行评估。

7.7.2　基质砂的运移机理介绍

从油藏到井筒再到地面设施的复合生产系统的流动保障是生产作业中多相砂运移的主要问题之一。因此精确估算砂的最小运移速度（MTV）十分关键。在固体运移预测模型中，目标是提出适用于任何倾斜度的所有流型的模型。

因此，固体运移模型的准确性取决于流体动力学描述和预测的可靠性。为了建立最小运移速度的精确预测模型，就需要理解流体流动和砂粒运移的交互作用。实现这一目标的最佳方法是确定多相流中的速度剖面，特别是每种流型的速度剖面。

7.7.3　固体运移机理及最小运移速度的应用

固体运移机理取决于许多方面，其中最重要的是流速和颗粒尺寸。这两个参数也决定了固体运移发生时的流态。然而，关键的目的是保持固体颗粒悬浮或在管底翻滚来防止砂床的形成。

对于生产油管中固体、液体和气体混合物的流动，以及液相和固相可能以多种流态分布，砂子的运移表现为三种模式：

（1）在静止砂床上的流动；

（2）随着移动的砂床流动和跳跃（包含或不包含悬浮）；

（3）悬浮，所有固体的不均匀混合物。

当液体和/或气体的流速非常低时，固体颗粒常常沉积在管道的底部，形成静止床。当驱动力的总和小于砂床移动阻力的总和，砂床将静止。当速度增加到能够保持固体移动，砂子将沿着管底翻滚或跳跃。非均质悬浮体与滑动床之间的过渡通常取决于速度是减小还是增大。瞬态多相流环境中颗粒驱动力更加复杂。多相流体流动是一种瞬时现象。长生产油管中的多相流动伴随着压降，一般会导致多相流型的改变，这种改变是从分散泡状流到活塞流、段塞流、环流和层流流型，这种变化是由液—液—气的空泡份额和管道倾角及其他因素引起的。固体运移时在不同流型中受到不同的驱动力。更重要的是，需要知道多相流型的改变，以及固体是否、何时、何地会在管道中沉降。关键问题是关于回接管线的问题：

（1）生产油管中产生砂子的量；

（2）主要的流型以及过渡区域和对固液相互作用的影响；

（3）在给定的固有操作条件下，固体是否会沉降（可能会）；

（4）当固体沉降时管道里的砂子高度；

（5）固体沉降位置。

这些关键问题造成了流动保障的严重威胁。固体在多相流体中运移时，最好避免形成静止的沉淀物，这可能导致管道的完全或部分堵塞，从而降低效率。

固体在深水生产井完井油管中的运移需要使用专门的由 Intelligent Flow Solutions 公司开发的智能多相流软件进行精确分析，以此对风险进行量化评估。为了实际应用和简化复杂的现象，采用了 MTV 运移机制的概念。MTV 概念的基本原则是确保油管中的固体沿着油管向上运移，无论是通过沿着管线下侧面的滚动/滑动还是不均匀悬浮。因此，每一种运移机制都存在一个最小或临界速度。这被称为翻滚 MTV 和悬浮 MTV。因此，平均流速在翻滚 MTV 之下，会导致静止砂床的形成。当流速在悬浮 MTV 之下，会导致固体沿管壁滑动，当压力沿管线下降时，这可能导致形成静止砂床，从而进一步减小颗粒上的拖拽力。

初始出砂管理是：在油井/油田全生命周期里，开展定量化的出砂预测，以确定可能的出砂量。基于颗粒尺寸分布的砂粒类型，出砂频率，砂粒在井筒、海底管线、地面设备中的运移情况，并根据上述预测结果，优化海底和地面设备的设计。这个量化对井的设计十分重要。在多层井里，任何上部层位的出砂都可能将油管和下部封隔器之上的有限的环空体积填满，并堵塞射孔孔眼或/和 ICV（流量控制阀），从而引发流动保障的问题。

上述量化分析需要对测井、中途测试、岩石强度和矿物学数据等开展评估，并评估井生命周期内的各种失效模式，以量化出砂量。

为了更好优化地面设备和海底网络的设计，油气井生命期内可能的出砂数量和类型，砂粒在井筒、海底管网、地面设备中的运移情况等重要数据需要提供给设计者。

8 有效出砂管理的风险评估准则

在深水环境下开发油气田，特别是在出砂管理方面，资产团队面临的主要挑战包括：

（1）为了更好优化地面和海底设备的设计，需要提供可能的出砂量和粒度分布以及通过井筒生产和输送到海底和上部设施的砂的频率等数据；

（2）以适合的目的，优化井的设计；

（3）最大化单井产量和油田开发的产能；

（4）有效地管理出砂、多相流的生产和设备的完整性；

（5）制订合适的防砂方案，包括对合适防砂方法的关键评估——地面防砂与井底防砂；

（6）尽量减小出砂对油井和海底生产设备的影响；

（7）最大限度地降低运营成本和非生产时间，并保证整个复合生产系统从储层到井筒到地面设备和管道端到端的流动保障；

（8）管理废物处理，包括由此产生的环境影响评估。

实现这些目标是本章提出的独特的、综合的地质和工程解决方案的驱动力。下面将介绍一种循序渐进的出砂管理策略，该策略可以使海底设施和复杂油田的管理者通过不断优化流程，减少非生产时间，并确保能够降低每桶油举升成本的流动保障，从而提高修井和生产效率。

作者和他的研究团队近年来的研究表明，测井数据和岩心数据能够提供最好的储层特征描述，其主要是用储层品质指数（RQI）和流动带指标（FZI）来表征，从而为出砂量预测和砂运移分析提供基础数据。

最近 Intelligent Flow Solutions 的油田开发研究显示，注水是一种有效的防砂方法，因为它能够扩展岩石破坏的包络线，极大的延长出砂时间。

出砂管理总策略

风险评估策略应着重并全面解决以下问题：

（1）一口井的出砂时间；

（2）预测的出砂速率；

（3）在不影响流体产量的情况下能否防止或减少出砂量；

（4）如何管理出砂井；

（5）生产优化含义；

（6）颗粒尺寸含义——孔喉尺寸描述；

（7）孔隙压力/衰竭剖面含义；

为了解决这些问题，制订综合出砂和流动保障管理解决方案十分重要。除此之外，出砂量化包括了：

（1）选择满足目的的防砂策略；

（2）防砂完井设计和工艺优化；

（3）制订综合防砂管理战略；

（4）合适的地面设备固相控制系统的工艺工程设计。

这些重要的策略包括：

（1）资产/运营团队内部的初步详细讨论，以确定目标以及所需和可用的数据范围；

（2）资料统计和验证；

（3）G&G 数据分析确定关键产层，并提供必要的岩石物性和流动特性参数，作为工程分析的输入数据；

（4）详细的工程数据整理；

（5）进行详细的工程研究，预测出井筒和长海底回接管线的出砂速率、粒度分布，建立相应的防砂设计和砂运移速度分析模型。

为了实施这种策略需要以下详细数据：

（1）包含孔渗资料的岩心数据；

（2）试井评估数据；

（3）井的最终报告（EOWR）；

（4）岩石力学数据；

（5）包含大多数电缆测井数据的测井数据；

（6）PVT 数据，主要包括组成、流体性质、模块化地层测试（MDT）数据以获取油藏压力资料。

所需的关键数据提取和分析可划分为：

（1）地质与地球物理数据提取和分析，作为工程风险评估所需的油气藏特征数据的关键输入参数；

（2）对关键流体性质、井身几何形状和作业条件进行常规工程数据提取和分析。

从每个来源进行详细数据分析的基本前提是建立每个派生数据集的一致性或其他方面的一致性，这首先是为了 QA，QC，其次是为了确定工程预测研究所需的最准确和最具代表性的数据集。

G&G 数据

对 G&G 数据进行研究，推荐遵循以下步骤。

（1）摘录数据，内容包括：

①油田区块和井最终报告，可用的解释数据；

②侧壁岩心分析所得岩心数据，用于孔隙度和渗透率分析和地质力学研究。涵盖的核心数据包括：

（a）岩心的描述和沉积学；

（b）岩心测井、岩心的岩性、岩心照片；

（c）常规岩心分析和特殊岩心分析，包括地质力学研究；

（d）全岩心或井壁岩心分析；

③测井数据包括伽马、中子孔隙度、体积密度、电阻率和特殊 CMR 测井组合。

（2）制订并审查油田所有规划井和生产井的详细目录和相关数据。

（3）综合解释测井数据，其内容包括：

① 定义岩性；

② 选择油藏顶部和底部；

③ 定义含油气区域；

④ 开展详细的沉积学研究；

⑤ 确定：

（a） 一个油田的出砂水平的净总值；

（b） 烃类含量（HC）、类型和分界面；

（c） 孔隙度和渗透率；

（d） 含水饱和度；

（e） 渗透率剖面。

详细的测井分析需要通过使用经过验证的标准化模型的测井解释软件来生成 S_w（含水饱和度）和孔隙度曲线（孔隙度来自于密度测井）。这两个参数能够在所关心的深度测出。但还需要给出：

①KTIM（TIM/Coates）渗透率；

②KSDR（斯伦贝谢公司道尔研究中心）渗透率；

③TCMR（总 CMR 孔隙度）；

④CMFF（自由流体孔隙度）；

⑤CMRP_3ms（束缚流体孔隙度）所有曲线来自 CMR 或 NMR 测井；

⑥常规测井如伽马、电阻率和 TNPH（热中子孔隙度）。

（4）利用测井岩石物理资料计算渗透率剖面，根据特殊的储层质量指数或流动带指标（RQI/FZI）等概念，定义储层的非均质性和相应的孔隙大小和颗粒分布。

（5）对不同的岩心分析数据库生成的孔渗数据进行详细的 QA/QC。

工程数据要求

有效的防砂管理和流动保障所必需的关键工程风险评估细节如下：

（1）出砂速率预测；

（2）在不影响流体生产的前提下控制、管理出砂；

（3）生产优化；

（4）颗粒尺寸—孔隙尺寸剖面；

（5）孔隙压力、衰竭剖面。

进行出砂速率预测的最重要储层参数是孔隙度、渗透率和地质力学性质，如无侧限抗压强度（UCS）和厚壁圆筒（TWC）。

G&G 数据为所需的分析提了供有效的输入，特别是关于孔隙度数据。然而，渗透率数据是一个独特的存在。这些数据不仅可以来自岩心数据，还可以来自试井数据和储层质量指数。RQI/FZI 概念可以在 P_{10} 和 P_{90} 水平上提供最一致的渗透率数据。对于砂子运移的分析，地层砂粒大小和出砂量是必不可少的参数。

RQI 分析

RQI 概念是利用 FZI 来量化储层流动特征的一种独特而有用的方法。FZI 提供了小尺度（如岩心柱）和大尺度（如井筒）岩石物理性质之间的关系。FZI 提供了基于表面积和弯曲度的流动区域表示。基于这个概念，可以确定各砂层的渗透率剖面及其对应的均质或非均质区域。

渗透率剖面能够由以下测井数据计算得到：

$$K = \{FZI[\phi/(1-\phi)]/0.00314\}^2 \tag{8.1}$$

其中：

$$FZI = M \times SUMTr^2 + N \times SUMTr + O \tag{8.2}$$

$$SUMTr = GR\_Tr + NPHI\_Tr + RHOZ\_Tr + LLD\_Tr \tag{8.3}$$

标准化：　　$$GR\_Tr = A \times E - 3GR^2 - B \times GR + C \times E \tag{8.4}$$

中子孔隙度：　$$NPHI\_Tr = D \times NPHI^2 + E \times NPHI + F \tag{8.5}$$

地层密度：　　$$RHOZ\_Tr = G \times RHOZ^2 - H \times RHOZ + I \tag{8.6}$$

电阻率：　　　$$LLD\_Tr = J \times HLLD^2 - K \times LLD + L \tag{8.7}$$

A，B，C，D，E，F，G，H，I，J，K，L，M，N 和 O 是原始 Amaefule 模型升级而来的专有经验常数。地层颗粒尺寸 d_{50} 和地层孔隙尺寸能利用相关模型进行计算。这类方程的典型例子如下：

$$d_{50} = \frac{A(1-\phi)}{S}$$

$$K = \frac{\phi^3}{B(1-\phi)^2 S^2} \tag{8.8}$$

$$D_{pore} = \frac{D_{50}\phi}{C(1-\phi)}$$

式中　d_{50}——平均粒径；

　　　K——绝对渗透率；

　　　ϕ——绝对孔隙度；

　　　S——比表面积；

　　　D_{pore}——地层孔隙尺寸；

　　　A，B，C——经验常数。

在研究的工程阶段，以下典型储层、井和流体参数是必不可少的：

（1）油环数据：K_V，K_H，ρ_o，μ_o，B_o，R_S，c_o，孔隙度 S_{oi}，S_{or}，x_e，h，y_e；

（2）气顶数据：m，K，K_{rg}，μ_g，ρ_g，z_g；

（3）含水层数据：a，K，K_{rw}，r_w，μ_w，c_w，B_w；

（4）井数据：r_w，L_w，$Q_{oinitial}$，最小 FBHP，p_i，D_p，t_{max}；

（5）岩石性质：塑性参数、biot 效应、泊松比、临界孔隙度的 UCS、空心圆柱体、临界空腔压力梯度；

（6）射孔性能：射孔段长度、射孔穿深、射孔半径、孔密、射孔相位；

（7）初始应力条件：总的垂直应力变化、总的垂直损耗、初始水深度；

（8）井眼性能：井斜、方位角、波及半径；

（9）粒度 [d50]：从 RQI 分析中获取；

（10）砂浓度：（砂大量产生）从出砂速率中获得；

（11）流体类型和性能：来自 MDT 和 PVT 数据；

（12）流体生产率：来自生产（PLT）数据。

参 考 文 献

[1] Oyeneyin MB. Total sand management solution for guaranteed flow assurance in subsea development. Society of Petroleum Engineers (SPE) Paper Number 17429, August; 2014.

[2] International Energy Foundation (IEA). IEA world energy outlook; 2008.

[3] Brooks D. Deepwater − challenges and opportunities. Paper presented at the Subsea and Deepwater Asia Conference, Singapore; 2008.

[4] Sawaryn SJ, Goodwin S, Deady A, et al. The implementation of a Drilling and Completions Advanced Collaborative Environment − Taking Advantage of Change. SPE Paper No. 123801; 2009.

[5] Walsh MP, Lake LW. A generalized approach to primary hydrocarbon recovery. Elsevier Publishers; 2003.

[6] Oyeneyin MB, Maclellan G, Vijayakumar B, et al. The Mare's Tail--the answer to produced water management in deepwater environment'? SPE Paper No 128609; 2009.

[7] Moriwawon B. Real time prediction of sanding potential in clastic (sandstone) reservoirs. PhD Thesis (RGU), September 2007.

[8] Oluyemi GF, Oyeneyin MB. Analytical critical drawdown (CDD) failure model for real time sanding potential based on hoek and brown failure criterion. J Petrol Gas Eng 2010; 1 (2): 16-27. (Online) Available Oluyemi%20and%20Oyeneyin. pdf.

[9] Perkins TK, Weingarten JS. Stability and failure of spherical cavities in unconsolidated sand and weakly consolidated rock. SPE 18244, In: Proc. 63rd annual technical conference and exhibition, Houston; Oct. 2-5, 1988.

[10] Sanda JP, Kessler N, Wicquart E, et al. Use of porosity as a strength indicator for sand production evaluation. SPE Paper No 26454; 1993.

[11] Raaen AM, Hoven KA, Joranson H, et al. FORMEL- a step forward in strength logging. SPE Paper No. 36533; 1996.

[12] Vernik L, Bruno M, Bovberg C. Empirical relations between compressive strength and porosity of siliciclastic rocks. Int J Geophys 1993; 59: 420-7.

[13] Procyk A, King GE. Use sand analysis to select screens for non-gravelpacked Completions. World Oil 1997, Nov.

[14] Tiffin DL, King GE, Larese RE, et al. New criteria for gravel and screen selection for sand control. SPE 39437; 1998.

[15] Bello K. Modelling multiphase solids transport velocity in long subsea tieback − numerical and experimental methods. PhD Thesis, Robert Gordon University; 2013.

[16] Beggs HD, Brill JP. A study of two-phase in inclined pipes. J Petrol Tech 1973; 607-17.

[17] Behnia M, Llic V. A simple correlation for estimation of multiphase pressure drop in an oil pipeline. SPE Prod Eng 1990; 370-2.

[18] Bello KO, Oyeneyin MB, Oluyemi GF. Minimum transport velocity models for suspended

particles in multiphase flow revisited. SPE Paper No 147045; 2011.

[19] Oyeneyin MB, Macleod C, Oluyemi G, et al. Intelligent sand management. SPE Paper No. 98818; 2005.

[20] Oyeneyin MB. Total sand management solution for guaranteed flow assurance in subsea development. SPE Paper No 172429; 2014.

国外油气勘探开发新进展丛书（一）

书号：3592
定价：56.00元

书号：3663
定价：120.00元

书号：3700
定价：110.00元

书号：3718
定价：145.00元

书号：3722
定价：90.00元

国外油气勘探开发新进展丛书（二）

书号：4217
定价：96.00元

书号：4226
定价：60.00元

书号：4352
定价：32.00元

书号：4334
定价：115.00元

书号：4297
定价：28.00元

国外油气勘探开发新进展丛书（三）

书号：4539
定价：120.00元

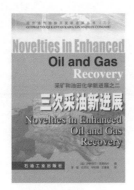

书号：4725
定价：88.00元

书号：4707
定价：60.00元

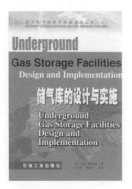

书号：4681
定价：48.00元

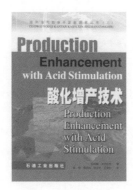

书号：4689
定价：50.00元

书号：4764
定价：78.00元

国外油气勘探开发新进展丛书（四）

书号：5554
定价：78.00元

书号：5429
定价：35.00元

书号：5599
定价：98.00元

书号：5702
定价：120.00元

书号：5676
定价：48.00元

书号：5750
定价：68.00元

国外油气勘探开发新进展丛书（五）

书号：6449
定价：52.00元

书号：5929
定价：70.00元

书号：6471
定价：128.00元

书号：6402
定价：96.00元

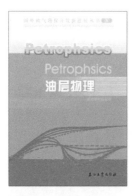

书号：6309
定价：185.00元

书号：6718
定价：150.00元

国外油气勘探开发新进展丛书（六）

书号：7055
定价：290.00元

书号：7000
定价：50.00元

书号：7035
定价：32.00元

书号：7075
定价：128.00元

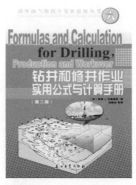

书号：6966
定价：42.00元

书号：6967
定价：32.00元

国外油气勘探开发新进展丛书（七）

书号：7533
定价：65.00元

书号：7802
定价：110.00元

书号：7555
定价：60.00元

书号：7290
定价：98.00元

书号：7088
定价：120.00元

书号：7690
定价：93.00元

国外油气勘探开发新进展丛书（八）

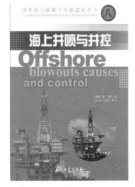

书号：7446
定价：38.00元

书号：8065
定价：98.00元

书号：8356
定价：98.00元

书号：8092
定价：38.00元

书号：8804
定价：38.00元

书号：9483
定价：140.00元

国外油气勘探开发新进展丛书（九）

书号：8351
定价：68.00元

书号：8782
定价：180.00元

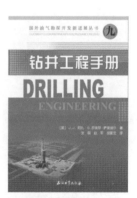

书号：8336
定价：80.00元

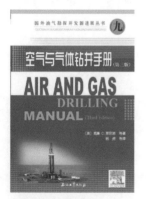

书号：8899
定价：150.00元

书号：9013
定价：160.00元

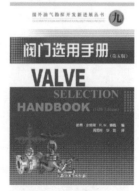

书号：7634
定价：65.00元

国外油气勘探开发新进展丛书（十）

书号：9009
定价：110.00元

书号：9989
定价：110.00元

书号：9574
定价：80.00元

书号：9024
定价：96.00元

书号：9322
定价：96.00元

书号：9576
定价：96.00元

国外油气勘探开发新进展丛书（十一）

书号：0042
定价：120.00元

书号：9943
定价：75.00元

书号：0732
定价：75.00元

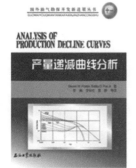

书号：0916
定价：80.00元

书号：0867
定价：65.00元

书号：0732
定价：75.00元

国外油气勘探开发新进展丛书（十二）

书号：0661
定价：80.00元

书号：0870
定价：116.00元

书号：0851
定价：120.00元

书号：1172
定价：120.00元

书号：0958
定价：66.00元

书号：1529
定价：66.00元

国外油气勘探开发新进展丛书（十三）

书号：1046
定价：158.00元

书号：1167
定价：165.00元

书号：1645
定价：70.00元

书号：1259
定价：60.00元

书号：1875
定价：158.00元

书号：1477
定价：256.00元

国外油气勘探开发新进展丛书（十四）

书号：1456
定价：128.00元

书号：1855
定价：60.00元

书号：1874
定价：280.00元

书号：2857
定价：80.00元

书号：2362
定价：76.00元

国外油气勘探开发新进展丛书（十五）

书号：3053
定价：260.00元

书号：3682
定价：180.00元

书号：2216
定价：180.00元

书号：3052
定价：260.00元

书号：2703
定价：280.00元

书号：2419
定价：300.00元

国外油气勘探开发新进展丛书（十六）

书号：2274
定价：68.00元

书号：2428
定价：168.00元

书号：1979
定价：65.00元

书号：3450
定价：280.00元

国外油气勘探开发新进展丛书（十七）

书号：2862
定价：160.00元

书号：3081
定价：86.00元

书号：3514
定价：96.00元

书号：3512
定价：298.00元